阿洸师傅 26 年面包探索，堂本面包店 15 款经典配方的做法与想法

堂本面包实验室

陈抚洸 著

堂本面包店

海峡出版发行集团　福建科学技术出版社

动手做温暖又美味的面包

人生齣[①]，真的走的每一步都算数。

我高中念的是电子，毕业后在中式餐馆工作，有了大锅炒经验、煎牛排的火候练习，也略懂梅纳时间的拿捏和食物味道的堆叠；做音响时的工程精神，则帮助我不断尝试用科学方法求证做法，把声音调整到自己觉得很好、客人听了会爽的地步。一路上的这些影响，像一条不会断的线，帮我把年轻时候的天马行空，串在往后每一个实验创作的味道里。

音响工程和面包烘焙看似八竿子打不着，其实关系很深。

29岁从音响工程转换跑道成为在面粉堆里打滚的人，最大的感受就是这里充满了"听说"，各种的"人家说""我朋友说""我听谁说""我看配方上说"……但就很少听到"我试过！我跟你说"。

做音响的时候，师傅常说"想"跟"响"不同，依照理论，你想的音质应该是这样，实际响出来却是那样！理论只是骨架，得经过自己多次的尝试调整、落实检验才能得到让人销魂的声音。

工程师的灵魂在配方里的面粉和奶油堆里流转，无法接受只是"我觉得"，或是"我听说""书上说"，还是"人家说"……

我的东西，都是传统而不正统。我喜欢传统的东西，却不喜欢无脑地样样遵循正统的做法。配方到手我还是会一样一样地都去试出来，面对各种根深蒂固的传统面包制作流程与公式，我每天总是在想："真的不能这样搞吗？""难道没有其他的模式吗？"光想没有答案，就是要动手，去做去练习。

真的不要担心会失败，因为失败一定会发生。二十多年来我砸的锅也没少过。

Preface 自序

本来嘛，技术层面的发展总有几个进程，从学过到略懂到失败到会到很会到还可以到看又失败到可以到很可以到不错，一直到让人家说你很神，这中间的奥义就是要练习跟一直练习，还有不断地练习。

这本书上写的，与其说是配方，更可以说都是我不断练习下的学习记录。你可以当作是笔记参考，先照着做试试，然后不妨也想想自己的感觉，再找各种不同的方式实验练习……

有练习就有试吃，有练习就有失败。每一次的失败就像一把种子，种子撒多了，很快就会拥有一片森林。

在家里练习，决定好不好吃的是你的家人，是你的小孩、夫人或"脑公"②。这本书希望大家都能在家动手做出美味又温暖的面包，自己动手做出来的面包，温暖绝对是温暖到爆，至于美不美味，不是配方决定的，而是吃的人说了算。

编者注：
①音hōu，闽南、台湾地区人讲话有时带有的语气词。
②"脑公"即老公，是模仿一种口语发音。

本书使用说明

这本书收集了我超过20年经过各种实证累积的精华，里头有堂本面包店的14款畅销食谱与1款我近几年的新欢（一直舍不得让它上架的洛代夫面包）。希望让即使是烘焙新手，只要跟着一步一步，也能做出让人满意的面包来。

全书采取少见的"后下酵母"模式，建议读者在制作前可先阅读Part1，内有说明后下酵母的原因、主材料的烘焙百分比与烤制时间等建议。大部分配方里我都使用鲜酵母，若使用即溶干酵母请将用量减少到原来的1/3，并使用3倍的水（配方内水）调开。

店里使用的是三能SN2050的方形吐司模，不过每个人都可以选择自己喜欢的模具。正如这本书的最大目的，便是希望能打破觉得"做面包好难喔"的心理障碍，鼓励读者多尝试，实验自己的风格面包。整本书都是在家庭的环境里制作，用的也都是家用的冰箱与烤箱，期待大家都能在家DIY，畅游在面包的美丽世界里。

2　自序

Part 1　起手式　做面包前应该知道的事

9　准备好工具
10　学会看食谱：材料的烘焙百分比怎么算？
12　担心面团搅拌时的升温吗？让我们以"后下酵母"来解决
13　面团要发酵多久呢？用科学的量杯或纸板来记录吧！
14　颠覆惯性！打面团时先下黄油
14　面团的筋度怎么看？

16　烤制时间好难算！？
17　翻面与排气
18　面包的发酵不是一条单行道
19　养出自己的发酵风味——法国老面／全麦老面
20　自家培养酵母

Part 2　动手做温暖又美味的面包

1. 幸福吐司　　　　　　　　　　　　　　22

从业20年后，重新认识面包的一个作品，而这，才是吐司该有的样子。

幸福吐司

阿洸的风味搭配学

× 抹上含盐黄油
× 草莓果酱或海苔肉松
× 做成咖喱奶油吐司条
× 中深焙黑咖啡

2. 生吐司　　　　　　　　　　　　　　34

同中求异最难，我在配粉与汤种的比例上调整，让它虽然软绵，也能有市面上生吐司少有的弹性与麦香。

生吐司

阿洸的风味搭配学

× 不回烤的湿润美味
× 软嫩的欧姆蛋
× 与热可可绝配
× 清爽的冰红茶与果汁

3. 马斯卡彭吐司　　　　　　　　　　　　48

我把尺寸做小、黄油换成马斯卡彭起司，烘烤过后，便成为一款质感很好的素色上衣。

马斯卡彭吐司

阿洸的风味搭配学

× 酸味果酱
× 甜味单纯的枫糖浆
× 朗姆葡萄冰淇淋
× 带酸质的中浅焙单品咖啡

Contents 目录

4. 红酒巧克力砖　　60

我想做出像布朗尼甜点一样的面包，玩风味的浓度、口感与层次，献给有童心的大人。

红酒巧克力砖

阿洸的风味搭配学

× 香草或抹茶冰淇淋
× 杏桃果酱与淡奶油
× 香料热红酒或冰牛奶
× 大人味威士忌

5. 起士奶油软贝果　　76

这款面包玩的是外皮与内馅联合起来，在嘴里的鲜嫩多汁。

起士奶油软贝果

阿洸的风味搭配学

× 花菜浓汤
× 熏鲑鱼
× 酱油风味的海苔
× 重发酵茶

6. 盐可颂　　90

拥有人类的所有渴望：淀粉、油脂、甜、咸、酥、香。不过时效很短，当天品尝最完美。

盐可颂

阿洸的风味搭配学

× 法式蒜香烤田螺
× 香草冰淇淋
× 啤酒或苹果气泡酒
× 焙茶牛奶

7. 丹麦焦糖蔓越莓　　104

觉得丹麦面团的擀卷很难吗？这是一款让你看不见失败，且老少咸宜的丹麦面包。

丹麦焦糖蔓越莓

阿洸的风味搭配学

× 烤鸭胸
× 红酒炖牛肉
× 肉桂卡布奇诺
× 带酸味的热可可

8. 鲜奶核桃面包　　　　　　　　　　120

这款面包的材料就是要用力地给它加下去，放好放满，让每一口都能吃得到核桃粒与牛奶香。

阿洸的风味搭配学

鲜奶核桃面包

× 坚果味黑咖啡或拿铁
× 烘烤过的谷物饮品
× 冰牛奶 + 早餐燕麦片
× 苹果汁

9. 法国白葡萄面包　　　　　　　　　132

这是我对天然酵母风味追求的起点，也是我们店内自养酵母"小白"的扛鼎之作。

阿洸的风味搭配学

法国白葡萄面包

× 味道浓郁的馅料
× 蓝纹起司
× 黄油 + 砂糖的邪恶吃法
× 坚果味单品咖啡

10. 无花果面包　　　　　　　　　　144

如何让欧式面包走入华人的日常味觉？加点我们爱吃的蜜饯吧！

阿洸的风味搭配学

无花果面包

× 煎鸭肝
× 蓝纹起司或卡门贝尔起司
× 西班牙水果红酒桑格利亚
× 气泡感饮品

11. 西班牙橄榄面包　　　　　　　　158

我把面包当杂炊，整颗面包就是一道滋味饱满的菜肴。

阿洸的风味搭配学

西班牙橄榄面包

× 番茄冷汤
× 贡丸汤
× 黄金泡菜
× 啤酒、烧酎、煎茶、玄米茶

Contents 目录

12. 玉米毛豆洛代夫　　170

洛代夫的高含水量面团很考验面包师傅的技术，但也是大家都想追寻的一个目标。

阿洸的风味搭配学

玉米毛豆洛代夫

× 甜酒豆腐乳
× 苦茶油 + 酱油膏
× 豆子汤或豆泥
× 红茶或柳橙汁

13. 费南雪　　182

油泼辣子与费南雪竟然可以有关系?! 这款甜点展现了我的离经叛道，通过黄油炸法，让杏仁的焦糖风味更明显。

阿洸的风味搭配学

费南雪

× 热红茶
× 打发淡奶油
× 炼乳
× 坚果味的单品咖啡

14. 蝴蝶酥　　194

跟香港师傅学水皮，瞬间打通所有的制作关节，只要走出框架，答案其实很简单。

阿洸的风味搭配学

蝴蝶酥

× 港式奶茶
× 卡布奇诺或拿铁
× 阿芙佳朵咖啡或冰淇淋
× 玉米浓汤

15. 姜饼人　　210

我不希望它吃起来辣口，但要你吃完身体暖暖的……

阿洸的风味搭配学

姜饼人

× 香料热红酒
× 卡布奇诺
× 姜汁奶茶
× 桂圆红枣茶

Part 1 起手式

做面包前应该知道的事

面包是科学,看似摆着许多原理与限制,都得实际验证过才知真假。本书便是我累积了20年经验、突破不少理论与框架后的方法论的汇总。

用不同手法却依然能做出美味的面包;每种做法,都是历经无数次实验后的精挑细选。希望它既简单又实际,让烘焙新手能做出满意的面包,烘焙能手也能从中获得一点启发。

准备好工具

工欲善其事,必先利其器。不需要买最厉害的工具设备,
先把基本的备起来,就可以开始做面包啰。

1. 烤盘纸与布巾
2. 烤盘架
3. 钢盆
4. 粉类过筛网
5. 电子秤
6. 量杯
7. 玻璃碗
8. 刮刀
9. 耐热烤模
10. 刮板
11. 探针温度计
12. 擀面棍
13. 刮勺
14. 打蛋器
15. 毛刷(涂抹蛋液等液体)
16. 喷雾器(喷水用)
17. 剪刀
18. 小刀

学会看食谱：材料的烘焙百分比怎么算？

面粉是面包的主角，材料烘焙百分比即是把面粉的重量看成100%，计算其他材料重量与面粉重量的比例情况：

某材料烘焙百分比 =
（某材料重量 ÷ 面粉总重量）× 100%

因此所有材料烘焙百分比的总和一定会大于100%。

以这张马斯卡彭吐司的食谱来说，面粉重量240克，5克盐重量相当于面粉的2%（5÷240=0.02），163克水重量相当于面粉的68%（163÷240=0.68）。但是到底，我们为什么需要知道烘焙百分比呢？

● 一旦看得懂烘焙百分比，便可以依据手上要制作的成品分量或面粉量，计算出每种材料的重量，一切都可以自己计算，不用受制于食谱上的克数。

● 在面包的制作里，基本元素——水、酵母、盐都有适切的烘焙百分比，一看烘焙百分比即可知道食谱有无问题，也可以根据现实所需微调。

如何计算材料用量？

了解烘焙百分比后，接下来该如何算出每款面包需要的配方分量呢？

由于在称料、搅拌时都会有材料沾黏在器皿上，为避免材料在制作过程中越来越少，书中配方皆已算入耗损，也就是**将面团的需求量乘以1.05 = 实际用量**。

比方要做3条马斯卡彭吐司，一条约180g，面团总需求量为180g×3=540g。

（需求量×1.05÷烘焙百分比合计量）= N
以某项材料的烘焙百分比 × N = 某项材料实际用量

例：
540g × 1.05 ÷ 237.2 = **2.4** → N
100% × **2.4** = 240g = 面粉实际用量
68% × **2.4** = 163g = 水的实际用量

制作份量	3条；180g／条	
模具尺寸	15.5cm×7cm×6.5cm	

材料		
A	百分比	重量(g)
山茶花面粉	100%	240
盐	2%	5
水	68%	163
B		
法国老面	20%	48
（做法见P19）		
上白糖	8%	19
炼乳	6%	14
C		
马斯卡彭乳酪	30%	72
鲜酵母	3.2%	8
总和	237.2%	569

水量的烘焙百分比：40%~100%

丹麦面包	约40%
贝果	约40%~60%
甜面团	约60%~65%
吐司	约65%~75%
欧式面包	约75%~100%

不用因为多一点水或少一点水而觉得面团失败了，每批面粉的吸水率不同，增减10%左右的水量都在可容错的范围内。

 盐的烘焙百分比：1%~2.2%

甜面包	约1%~1.2%
吐司	约1.5%~1.8%
欧式／无糖面包	约2%~2.2%

无糖的面包，需要多一点盐，有糖的面包盐可少一些，依照基本的规范去调节，写自己的配方。

 **酵母的烘焙百分比：0.3%~1.5%**（以干酵母为例）

需长时间发酵的面团	约0.3%~0.7%
直接法面团	约0.7%~1.2%
高油糖的甜面团	约1.5%~1.7%

除了高油糖的面团，一般面团，若酵母的使用量超过1.5%就容易吃出酵母味，酵母的用量多寡关系到操作时间、出品速度与硬件设备，如果要做的品项多，人跟设备都不足，便可以用少一点的酵母以拉长发酵时间，争取更多的工时。

＊这里是以即溶干酵母为例，若改用鲜酵母要调整为3倍的量。

担心面团搅拌时的升温吗？
让我们以"后下酵母"来解决

一般的面包食谱，在搅拌面团时会把主材料与酵母一同放入，由于面团搅拌会生热，打面团时间有时长达十几分钟甚至半小时，造成的温度升高会影响到酵母的发酵，让整个面团的发酵过程变得难以控制。

通常我们会计算好冰块的使用量（计算冰量的经验公式：夏天大约取材料中总水量的1/4换成冰块；冬天大约取1/5~1/6总水量换冰），将冰块一起加入面团里搅打，让打面团后的温度不至于上升太高。但我也知道许多人对于控制面团的温度很苦恼，在历经多年实验与验证后，本书采取"后下酵母"的方式，也就是在面团打到差不多五六分筋或可离缸时再下酵母，如此即不用担心前面的面团打太久，或面团升温影响到后续的发酵。后下酵母是在确认面团状况已经接近打好后，才开始让酵母工作，让面团保有最好的膨胀性。

● **依据经验，不同面团的最后出缸最佳温度为：**

无油无糖的欧式面包	22~24 ℃
高油糖的甜面包	24~26 ℃
吐司	26~27 ℃

面团搅拌到一半，再放酵母

打到面团可离缸时，先测量温度。

若温度太高，可取出摊平，并适时地喷水，而后盖上保鲜膜，放入冰箱里降温（冷藏约10分钟，冷冻2~5分钟）。

面团降温到想要的温度，再放入酵母搅拌，并进行后续的步骤。

面团要发酵多久呢？
用科学的量杯或纸板来记录吧！

发酵攸关环境温度，温度越高，发酵越快，就像威士忌，台湾的噶玛兰威士忌酿造的速度就比苏格兰威士忌快。每个人制作面包的环境都不同，发酵"时间"很难一体适用，因此我们多用膨胀的体积来沟通。

我建议初学者可以直接用量杯测量：面团发酵时，额外取一小块放在量杯里铺平，若要发酵增大1倍，看到面团从量杯里的100长大到200便完成了。

无论面团发酵增大0.5倍、1倍、1.5倍还是2倍，都有机会做出很好的面包。发酵时长很像料理的火候：短时间发酵像快煮，保留较多的材料风味；长时间发酵像慢炖，吃的是融合之味。我会根据想要呈现的味道，决定发酵膨胀的体积。

● 以量杯检测发酵状况

发酵前　　　　　　　　发酵增大1倍

整形完的后发酵很难用量杯量测，那就用纸板来记录

面包的巧妙与有趣，便是在一次又一次的实验中，忠实记录下喜欢的口感风味与发酵状态。整形完的面团无法放入量杯观察膨胀状况，凭记忆又容易出错，我便发展出纸板记录法，以手工DIY纸板去记录每次的面团后发酵状况，直到试验出效果最佳的面团状态，往后就用此纸板高度去评估该款面包的面团后发程度，简单又有帮助。

颠覆惯性！打面团时先下黄油

这个概念是从磅蛋糕而来。在制作磅蛋糕时，会把黄油跟糖慢慢地加入鸡蛋里，这个过程若做得不好，没有充分乳化，磅蛋糕就容易老化，相反地，若在拌合过程里，糖跟鸡蛋能充分地乳化油脂，磅蛋糕的保水性与湿润度都会好很多。

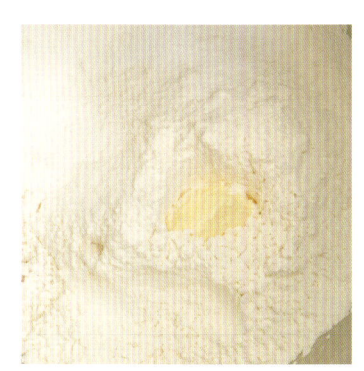

将此概念放在一般面包的面团搅拌上，我们希望黄油、水分跟其他材料能充分融合，因此本书采取先下黄油模式，一开始搅拌便把黄油放入，让乳化作用更充分。

面团尽量以中速或中低速搅打，不要用高速搅打。以低速搅拌慢慢伸展出来的面团，质地会较细致。

面团的筋度怎么看？

面团从六七分筋到十分筋，从拉出小锯齿到拉出大锯齿，都可以做出品质很不错的面包，就看制作者想要呈现的状态。面筋就像一个墙壁，虽然越搅拌面团会变得越柔软，但若过度拉扯，也会让面筋过于薄，超过能回缩的程度，就像如果把气球吹到很饱再放掉气，皮会变得皱皱的，无法恢复它该有的弹性。

在制作面包的过程里，我并不会刻意追求多薄的膜或多大的筋度，面团只要能形成薄膜包裹住酵母所产生的二氧化碳，就能达到膨胀目的，接下来的筋度追求都只是为了调整口感。我个人最多打到八分筋或九分筋，面团搅拌过度的伤害远大于搅拌不足，过犹不及往往在一线之间。食谱都有推荐的面团筋度，大家可以先参照操作，接着便可以根据想要的口感与弹性，实验出适合自己的。

六分筋

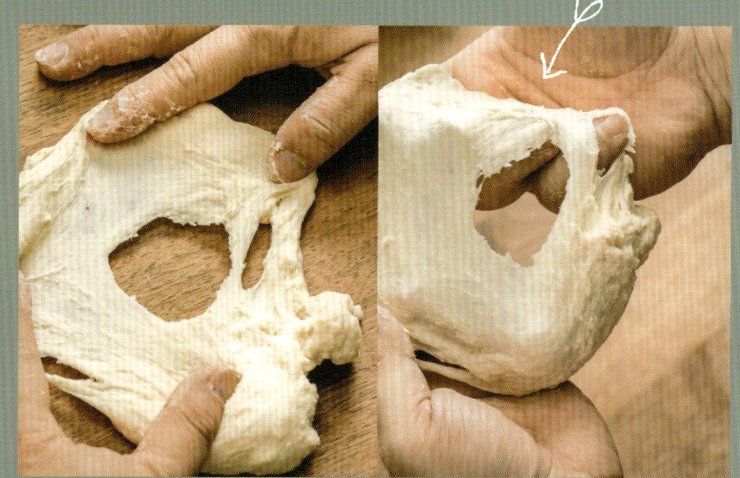

膜厚，大锯齿

七分筋

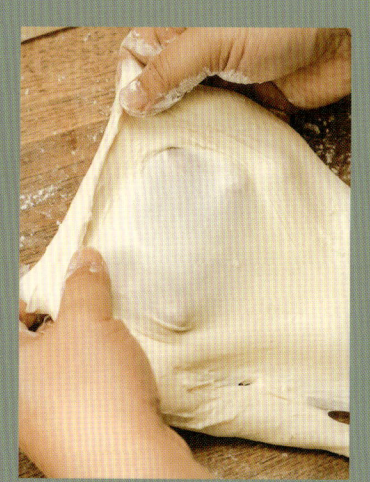

八分筋

九分筋

薄透光，无锯齿

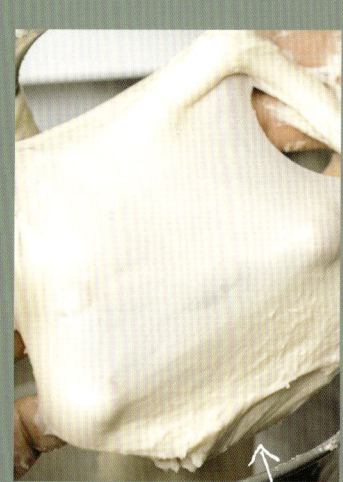

十分筋

清楚看到指纹，薄而不透

做面包前应该知道的事

烤制时间好难算!?

面包一定要烤熟!看似基本的道理,但很多人都不知道。坊间许多面包,外表酥脆,但面包芯可能都还没烤熟。

观察面包有无烤熟有两个重要指标:一是不黏牙,没烤熟的面团化口性不好,咀嚼时会稠呼呼地沾黏在牙齿上;另一个是面包的回弹性,不够熟的轻压表面后不会弹起、直接凹陷。

60℃~70℃是蛋白质熟化变性的温度,达此可以暂时固定面包的基本形状,但结构不稳定。根据经验,面团中心温度要达到96℃~98℃,面包才会稳定固化,烤吐司也才会真正烤熟不歪腰。

面包在烤箱越久会散失越多水分,我们面包师傅追求的,便是如何在较短的时间内(水分散失少)能完整地把面包烤熟,也就是以最短时间达到面团中心温度97℃的目标。如果15分钟可以达到97℃,我就会把烤箱温度往上调整个10℃~15℃,看能不能缩短成13分钟;如果13分钟可以,就会再往上提升10℃~15℃看能不能变成12分钟(要保持在面包表皮不烤焦黑的范围内)。

烤制时间的拿捏便是不断地在烤箱温度、面团中心温度、烤制时间里来回测试。新手可在烤到接近食谱上时间的2/3前,先使用烤箱的探针温度计测量面团中心温度,以了解面团状况。

● 达到如下便是烤熟的状态:

软面包:中心温度97℃后再烤2分钟
欧式硬面包:中心温度97℃后再烤5分钟
(可根据想要的表皮厚度上下微调)

● 不同的面包大小,也有各自建议的烤制时间:

600克面包:40分钟内烤完
450克面包:30分钟内烤完
200克面包:15~18分钟内烤完
120克面包:15~16分钟内烤完
80克面包:不超过15分钟烤完
60克面包:10~12分钟内烤完

每个烤箱的升温速度不同,大家可以在如上的时间范围内去测试最短的出炉时间,让面包保有最佳的水分与保湿性。

翻面与排气

并非所有面团都需要翻面。翻面可排出旧有空气，并包裹住新鲜空气；通过折叠的方式，强化面团筋性，让整个面团更有力道，有助于后续的发酵，也可以让组织更细致。

含水量越高的面团（如洛代夫面包），翻面的力道可强一些，借此来加强面团的膨胀效果；相反地，含水量少的紧实面团，翻面的手法可以轻盈一些，面团才不会过于紧绷。

每个师傅都有自己的手法，这里介绍一种简单且我最常用的方法。为了让读者能看得更清楚，特别以毛巾示范。

1 先将面团平铺。

2 由下往上折1/3。

3 再由上往下折1/3。

4 成一长条后，由左向右折1/3（左右以制作者的视角论）。

5 再由右往左折1/3，再顺势翻过来。

6 稍微拍平即可。

面包的发酵不是一条单行道

面包的制作工序可分为：

搅拌面团→基本发酵→分割滚圆→中间发酵→整形→最后发酵→烘烤→出炉。

不过制作面包不是只有一条单行道，每种面包都可以遵循如上的常规直接法来制作，但也可以搅拌后接基本发酵、分割滚圆后直接整形，然后接最后发酵，或者是面团搅拌好即放入冷藏，在冰箱里进行低温隔夜的基本发酵，到隔天早上再分割滚圆，进行后续步骤。

无论是家庭或店内制作，都可以依照时间、人员、设备等去微调做法，找出符合需求的面包制程。像我自己很爱实验，每种方法我都会尝试，再依照成品效果、想要的风味口感等需求，以及店内的排程去写下堂本的食谱SOP（标准作业程序）。

面包有千年历史，食谱也常会带给读者限制与框架。我自己以前是工程师，面对"理所当然"的理论很习惯去挑战质疑，一定要亲自验证，并思考有无其他的途径也能达到一样的效果。

世界会进步便是因为有许多人思考要如何把不可以变成可以，所以人类坐上了飞机，我们登入了月球。

这本书的许多做法跟坊间的面包食谱都不同，但全是我自己实证而来的；也才赫然发现，很多的"不可以"在实际尝试过后，其实也都"很可以"。因此不要自我局限，只要理解面包的基本原理，知道想要的目的在哪里，不管用哪一种操作模式，都可以做出喜欢的面包来。

养出自己的发酵风味——
法国老面 / 全麦老面

我个人偏好长时间发酵的风味，经历实际测试，发现低温长时间发酵的面团风味深邃却比较清淡，少了直接法拳拳到肉的鲜明感。因此我常以法国老面搭配直接法，让面包既能有长时间发酵的浓郁感，也可以有直接法的鲜明滋味。

我会打一个面团，提早拿一些出来，剩下分量用老面来补足，然后去比较有无添加法国老面的不同风味，再来选择。

法国老面是一个完整的面团，可以添加在甜味或咸味的面团里，不会影响到配方的平衡（也无需调整酵母用量），它的功用主要在风味，添加的幅度，从面粉量的5%一直到50%都可以，可自行决定风味浓淡。

做自己的法国老面

材料

高筋面粉	1 kg
盐	20 g
水	700 g
鲜酵母	7~12 g

做法

1. 把材料全部搅拌在一起，面团终温约24℃~26℃。
2. 在室温（约28℃）里发酵1小时或发酵到大1倍。
3. 把空气压平排掉。
4. 用塑料袋套好后，放冷藏室发酵12~24小时后可用。

*（家庭）也可将面团分割成100克每份，装小塑料袋压平后冷冻，可保存约半年。几乎任何面团都可以添加法国老面，概念上类似于料理里的冷冻高汤。

*只要把高筋面粉替换成全麦面粉，即成全麦老面。

自家培养酵母

十几年前,我便开始自养酵母,从开始的戒慎恐惧到现在的信手捻来。这里要告诉大家,自养酵母一点也不难,只要有自来水、果干或水果就可以开始制作。一路进化、实验后,我发现以"葡萄干""没有煮沸,未过滤的自来水①""没消毒过、洗净晾干的玻璃罐"(不一定要紧张兮兮地以酒精消毒瓶身)三者搭配的成功率最高。

编者注:
①台北的自来水不能生饮。

加入白面粉培养的酵母我称为"小白",加入全麦粉的称为"小黄",加入裸麦粉的就是"小黑"了。每个人家里的自然菌落都不同,人人都可以培养出自家风味来!

开始培养小白

1. 取200克的水果菌种液体与200克的面粉混合。
2. 放置室温下发酵约4小时后,加入100克面粉和100克的水拌匀。
3. 再让其发酵4小时后,加入100克的面粉和100克的水拌匀。
4. 换个大容器(避免满出来),盖上盖子后,移到冰箱冷藏,低温发酵约2天,便可以开始加入面团里使用。

● 小白使用的烘焙百分比从0%到50%都可以,它只会稍微增加一点点的发酵力,因此不需要特别改变酵母的用量。酵母量的多寡,除了取决于我们想要的发酵过程与口感外,还肩负着

先培养水果菌种

材料

自来水	250g
葡萄干	60g
蜂蜜	5g

做法

1. 打开水龙头,玻璃瓶里装水,放入葡萄干跟蜂蜜搅拌均匀。
2. 盖上铝箔纸但不要密封,置于室温下(约28℃~30℃)培养。
3. 每天摇晃玻璃瓶一次,使葡萄干均匀浸渍。
4. 夏天约3~4天(冬天约5~7天),葡萄干会浮起,周围冒出小气泡。若闻起来有酒香即代表水果菌种培养完成;若出现霉味则代表有杂菌,整个过程须重来一次。

Point

● 这个做法是直接使用未过滤、未煮沸的自来水,我个人浅见是:水里的氯在前期能抑制瓶中原生态的杂菌;等酵母菌的族群起来之后,就有一个良好的繁殖生态了。

● 葡萄干也不需消毒。葡萄干有很多皱折,除非用水煮过不然也无法消毒,然而若煮过,表皮的酵母菌也失活了。

● 将手套套上瓶口固定,就可以观察了解酵母菌产生二氧化碳的活力。每天拿起瓶子来摇一摇,当手套被吹得鼓鼓的就行啦!

配合我们工作时间的任务。
- 使用时，每次"用多少补多少"，面粉是酵母菌的食物，若今日用掉400克酵种，就补进200克的面粉和200克的水，搅拌均匀即可继续培养。若做面包的频率少，至少一个星期须取出一部分酵种并喂养一次面粉与水。

小白长期不使用该怎么办？

1. 若长期不使用小白，可将小白与高筋面粉一起用调理机打成松散的粉状（高筋面粉的用量不拘，只要能把小白打成松散粉状即可）。
2. 此时小白还有点湿湿的，可放在有热度的烤箱旁，慢慢烘干（不能太高温，要放在人体可以承受的温度底下）。
3. 烘干水分后，即可放入冷冻室，可保存一年。
4. 等到下次要使用前，先用1∶1.2的水与面粉混合均匀，作为对照的浓稠度。
5. 取冷冻库里的小白干粉出来，慢慢加水，调到跟4一样的稠度。
6. 将4和5一起混合均匀后，常温发酵12~24小时（不时搅拌，让酵母菌苏醒），直到小白慢慢产生出气泡后，加入同等量的水与面粉再养3~4小时。
7. 即可放入冰箱冷藏续养。

学生常会问我，

这样可不可以，那样可不可以。

我都会笑着说，大部分的事情都可以。

面包的做法没有绝对的标准。

如果真要说的话，那就是一定要烤熟！

面包制作，一定还有许多我们没有想到，

或是还不知道的方法。

多一点探索、多一点累积。

如果还没打算很快放弃，

累积失败的经验，

绝对有益于技术的增长。

祝大家在烘焙的路上尽情探索千万种可能，

做出属于自己风格的最满意的面包！

幸福吐司

从业20年后，
重新认识面包的一个作品。
而这，才是吐司该有的样子。

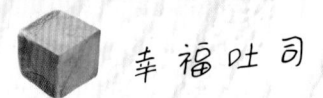 幸福吐司

记得毕加索曾说过:"要画得像拉斐尔,需要四年的时间;但要画得像个小孩,我却学了一辈子。"

这款吐司给了从业20年的我很大的启发,它之所以会出现,跟2020年新冠肺炎疫情与从2019年开始的生吐司风潮有关。新冠肺炎流行期间世界门户紧闭,原本我要出境教课的行程全数取消,多了许多时间待在台湾。当时看到还在继续延烧的生吐司风潮,有点不服气,虽然一年多前我也随波不逐流地做了堂本版生吐司,也觉得自己做得还不赖,但我清楚地知道,为了呈现不可思议的柔软感,生吐司失去了面包该有的麦香与咬劲。当太想表达一件事,一定会同时失去某项特质。虽然生吐司是这几年的市场主流,却不是我心目中的理想吐司,趁着在台湾的时间,我决定发展出另一款吐司来回应这股潮流。

我想到了创立于1942年的日本浅草传奇面包店——Pelican(鹈鹕),近80年来,这间店只卖白吐司、山形吐司、奶油面包卷、圆面包、长形面包五样东西,其中吐司也供应给东京不少的吃茶店、甜点店,每天早上八点门一开便排着长长人龙。其中以吐司最受欢迎,不但是日本人的爱,华人烘焙圈不少饕客或面包师傅也会特别去朝圣。从2002年起我便去了6次,每次都带好几条吐司回来;2019年台湾上映了它的纪录片《浅草的幸福吐司》,我还特别跑去久违的电影院观赏。

要说有什么特别?Pelican的吐司非常纯粹,该有的麦香、咬劲、组织感一点都不少,日常朴实,却会让人想念。我看了配方,所有神奇的材料都没有,跟着用简单的原料——面粉、盐、水、酵母、糖、黄油试了几次后,就让自己感动不已。

记得那天做好，不知不觉就吃掉三片，我担心是自我感觉良好，拿去给同事及老客人吃，每个人都喜欢，好几个人一咬下去便说："这是我小时候的味道！"柔软的韧性，随着咀嚼慢慢渗出的麦香与焦糖甜味……

往回推到三四十年前，我们没有那么多的副材料可以添加，吐司的配方单纯；渐渐地，大众的饮食往精致方向靠拢，整个消费社会都想要更花哨、更复杂、更有话题、更具风味独特性的产品，加了糖不够加炼乳，加了炼乳不够加鲜奶油（编者注：即动物性淡奶油），加了鲜奶油不够加鸡蛋，把面粉跟发酵的味道掩盖掉，变成一种复合的风味。

我用简单的配方、升级的原料，做出大家熟悉却好久没有品尝到的记忆滋味。我自诩做过中餐，吃过许多厉害的餐厅，想着对于味道的理解比一般大众更深入，总以为只要加入一点特别的元素，多一撇别人没想过的做法，就可以在面包的大世界里被看到，也用这样的想法走了将近20年；直到做出幸福吐司后，吃下的那几天给我很大的反省：它的组成简单，工序单纯，做出来的面包却这么令人回味，让我回想起什么是真实的面包，那些我以前所引以为傲的优越感到底是什么？

不负众望，这款吐司荣登堂本面包店2020年销售冠军，我开玩笑跟好友说：之前搞东搞西，实验好久都没有得到这么好的回馈。练功20年，用多年的面包经验驾驭这个配方时，才找到了吐司该有的模样。

Pelican面包店从1942年创立至今，我制作这款吐司，除了向喜欢的面包店致敬外，也希望它可以跟着堂本，走向未来数个十年，成为经典。

幸福吐司

制作份量	1条		
模具尺寸	**A** 三能 SN2050 11.5cm×11.5cm×11.5cm 方形吐司模		
	B 三能 SN2052 19.6cm×10.6cm×10.9cm 吐司模		

材料	烘焙百分比	**A** 面团需求量:350g	**B** 面团需求量:450g
高筋面粉 （日清山茶花）	100%	200	260
盐	1.8%	4	5
糖	6%	12	16
黄油	5%	10	13
水	65%	130	169
鲜酵母	3%	6	8
总和	180.8%	362	471

Point
如何计算各项材料用量克数

（面团需求量克数 × 1.05 ÷ 烘焙百分比总和）= N

以各项材料的烘焙百分比 × N = 各项材料所需用量克数

左侧配方中A组：
350g × 1.05 ÷ 180.8 = 2 ← N
100% × 2 = 200 = 面粉实际用量克数

左侧配方中B组：
450g × 1.05 ÷ 180.8 = 2.6 ← N
100% × 2.6 = 260 = 面粉实际用量克数

> 放入模具的面团分量与模具容积的比例，会影响吐司食用的口感，或紧实或松软。

搅拌面团

1 所有材料（鲜酵母除外）混合，放入搅拌机中。

> 如果面团温度太高，超过25℃，即须先让面团降温，降温方式可参考P12。

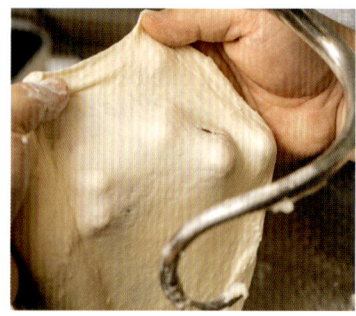

2 面团搅拌至可离缸；此时可拉开面团，看是否已能产生较厚的膜（如图示），即达到五六分筋。温度应在约25℃。

做法

3 加入酵母。

4 继续搅拌至七分筋,面团的理想终温为27℃。

这款吐司的筋度会比一般吐司来得少,为了呈现最佳的口感,请不要打至面膜薄可透光。

发酵

5 将面团取出后收圆,准备发酵。

Point
发酵过程要让面团与流动的空气隔绝,可放入发酵箱或盖上布,以保持面团湿度。

6 取一小块面团放进量杯,等待发酵;其余面团收圆,盖布发酵至增大1.5倍。

以这个方法,看量杯刻度即可方便地确认面团在发酵中的体积变化。

—— 后
—— 前

Point

◆ 因为每个人制作的温度环境条件不同,因此以量杯为工具来判断发酵程度会相对精确;这也是堂本店每天使用的方式。

◆ 店里基本发酵至面团增大1.5倍,大约需90分钟。

◆ 面团湿度:进炉之前,尽量用各种方法(盖布、盖塑料袋、放箱子)让面团表面维持在像是刚打好面团时的湿润度。

◆ 这款吐司因为材料简单,可以拿来测试不同的面粉,完整展现面粉风味,也能了解发酵风味的变化。

◆ 这款吐司很适合用来测试面团的不同发酵程度或制作工艺的各种改变所造成的影响,发酵增大1倍、1.5倍、2倍……或者改为冷藏隔夜发酵、中种法、擀卷一次、擀卷两次、滚圆入模……吐司都会鲜明地呈现出不同工法所带来的改变。(堂本店里使用的是擀卷一次的方式。)

动手做温暖又美味的面包

 幸福吐司

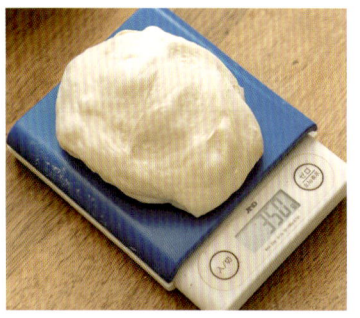

7 当面团发酵增大1.5倍后,将量杯中的面团与大面团揉合,确认面团重量为350克。

11 再从中间往上推擀。

8 轻轻滚圆。

12 翻面,让光滑面朝下。

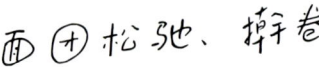

面团松弛、擀卷

9 盖上布,松弛15~25分钟至可以轻易擀开的程度。

13 由上往下卷成圆柱。

10 先从中间往下擀。

做法

14
圆柱完成图。

18
发酵至模具八分满。

放入模具、后发酵

15
将面团放入模具。

19
盖上吐司模上盖,进烤箱。

16
稍微压平、整平。

20
以上火220℃、下火240℃
烘烤约18分钟。

Point

- 使用烤箱探针温度计,在烤15分钟后,推开吐司盖将温度计斜插到面团中心,待温度上升到96℃,延续两三分钟就可出炉。

- 若烘烤时间长、超过22分钟,代表烤温太低,可以用"15℃"的间隔往上调升温度。

17
盖上布(或放入发酵箱),静置。

21
出炉后,将吐司模用力在桌面敲打,使热气排出。

推开盖子时(注意开口不要朝向自己),若发现面团微凸,表示面团过发,此时若直接开盖会有大量热气窜出,容易烫伤,可放置一两分钟,等散热后再开盖。

动手做温暖又美味的面包

幸福吐司

阿洸师傅带你品面包

1 四边不要有锐角

带盖入炉烤的吐司，若四面有尖锐直角，可能是发酵过度，也就是面团膨胀发酵到整个模都没有空间，专业上称为"出角"。烤好的吐司边角呈圆弧形，则发酵的状态比较对。

2 不要歪腰

吐司歪腰70%都是因为没烤熟。经验是要把面团中心烤到96℃~98℃，延续两三分钟，蛋白质才会稳定且固化，才算是真正的烤熟。可在快烤好时，开盖斜插温度计查看温度，或是依照每次的练习观察，歪腰不熟就在下次加长炉烤时间。但请勿超过22分钟，烤越久面包散失的水分越多，内里会变干燥，表皮也会变厚，影响口感质地。

Let's make a bread

不过度发酵，以3倍为极限

面团膨胀的体积是发酵的指标，我们在书里教大家用量杯去精准观察面团膨胀状态。若过度发酵会产生酒味与酸味，组织会变粗糙，也容易烤出死白的颜色（因为发酵把糖分都转化消耗掉了），烤不出香气与迷人的琥珀色。

带着Q弹感与焦糖香

理想的幸福吐司走的不是软绵路线，配方上黄油与水的比例较生吐司与堂本的白吐司来得少，带着Q弹口感；烤色较深有焦糖香（但记得不要烤焦喔）。单吃或烤起来食都很适合。

品尝原料香

这款吐司的材料简单，只要改变任何一个因素都可以吃到明显的变化，可以试着改变面粉的品牌、发酵方法或擀卷方式来感受那个"不一样"，绝对能增进对面包的理解。至于吐司的烤色，我通常喜欢偏深却还未烤焦的感觉，因此会以高温短时间来快速上色；你也可以找到适合自己的烤色。

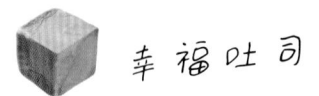 幸福吐司

日常食
DAILY

阿沈的
风味搭配学

1 在抹刀上抹点含盐黄油，涂在刚烤好的吐司上

幸福吐司像一碗很好的白饭，吐司烤好后，立刻抹上黄油，光涂抹的沙沙声就引人垂涎，分泌唾液；咬下第一口，微香焦脆，非常销魂，大人小孩都爱。记得一定要在吐司还热的时候抹奶油跟果酱。

2 涂草莓果酱或海苔肉松

要涂果酱，我最爱草莓这一味！如果说幸福吐司+草莓果酱是纯情少女，幸福吐司+黑胡椒罗勒草莓果酱就是酒国名花（可以在草莓果酱里加入黑胡椒跟罗勒试试）。还有一种搭法，海苔肉松+草莓果酱，我小时候都这样吃，咸甜都满足了，还有肉的油脂香。

3 冷冻切条，做成咖喱奶油吐司条

把这款吐司切片后冷冻，而后取出以菜刀切成3~5厘米宽的长条，进烤箱烤到外皮稍微脱水、脆脆的程度，涂上有盐黄油后，撒上糖（依个人喜好黄油与糖的比例为2∶1或3∶1）、少许的咖喱粉做成咖喱奶油吐司条。

4 想来杯饮料吗？中深焙黑咖啡让你回到吃茶店老时光

日本许多吃茶店都有卖早餐，经典风味的幸福吐司，配上中深焙咖啡，是我记忆中日本吃茶店的味道，Pelican 面包店也是如此搭配。喝一口中深焙黑咖啡，过复古老时光（不敢喝黑咖啡的也可以加牛奶一起）。

* 在我心目中，幸福吐司几乎和各种食物都可搭，它就是一碗亮晶晶、很好的白饭，也是一张好睡的床，一个绝佳的基底，无论谁在上面都会很适合。

几乎各种食物都可搭!

生吐司

同中求异最难。
我在配粉与汤种的比例上调整。
让它虽然软绵。
也能有市面上生吐司少有的弹性与麦香。

2.

生吐司

生吐司给我的挑战是，如何"随波不逐流"。

先是日本，后是中国，2019年国内兴起了生吐司风潮，不过，到底什么是生吐司呢？它指的不是未经烤熟的吐司，而是在副材料里加入更多的淡奶油与糖，以创造出湿润、入口即化的柔软感。取名为"生"，便是强调它一到嘴里就融化的软绵效果。

最初生吐司在日本是做给长辈吃的，追求口感松软，没想到却意外获得大众青睐，大家都喜欢软软绵绵的吐司啊！一时之间，不仅日本生吐司名店来台湾插旗，国内的不少面包店也开卖起这款吐司。

对于像我这样拥有20年经验的面包师傅来说，起初并不觉得生吐司有什么稀奇（不就是多加一点淡奶油、汤种就可以做到了吗？以前当学徒时，店里配方便是如此，只是含水量少一点而已），只觉得日本人好会行销，不以为意，也不想随之起舞；直到有天，老客人跑来问"阿洸师傅，你会不会做生吐司？"我这才意识到，这股风潮已经吹到大部分家庭的吐司采买里，不只是一窝蜂地流行。我是不是也该做一款堂本版的生吐司来服务客人？

我很会做竞品分析，马上去市面上的各方生吐司名店采买，一个个比较感受：哪些是共通的？哪些是各家独有的？再去收集所有可以拿到的配方（包含原物料商提供的），研究彼此间的关联：什么材料不可或缺？什么材料可有可无？不同的配方比例有些什么样的差异性？全部统筹后再加入自己的想法。

我发现市面上绝大部分的生吐司都强调软绵湿润，除了奶香外其他的风味都不突出，而我一直以来都很在意面包的风味表现。由于生吐司来自日本，当大家多以日本面粉来制作时，我想试着以"配粉"来呈现不同风味。

日本面粉保湿度佳、风味淡雅，我国台湾岛产的面粉灰分高、保有强劲的麦香力道，我以本地产面粉搭配日本面粉，补足我所感受到的生吐司奶香浓郁却麦香不足的部分。

至于其口感，我虽然做得比一般吐司柔软，但仍坚持要保有某种弹性，认为面包要有一定的咬感，才不辜负面包之名，因此在汤种的粉水比上调整，让它能保湿却不会过于软绵。

同中求异最难。堂本从不是走在潮流上的店，原本很想跳过"生吐司"这一题，却还是被客人抓回来面对。想想既然客人信任我们，就用手艺与观念来重新诠释。几个月后便推出这款，软中带Q，除了奶香也充满着浓郁麦香的堂本版生吐司。

这是我的"随波不逐流"习题，交卷啰。

生吐司

制作份量 2条，500g／条
模具尺寸 19.6cm×10.6cm×10.9cm

材料

A	烘焙百分比	重量(g)
高筋面粉（日清山茶花）	50%	242
高筋面粉	50%	242
奶粉	4%	19
盐	1.8%	9
黄油	6%	29
水	68%	329
B		
汤种*	7%	34
淡奶油	12%	58
糖	15%	73
C		
鲜酵母	3%	15
总和	**216.8%**	**1050**

＊汤种

食材	重量(g)
高筋面粉（日清山茶花）	100
沸水	110

事前准备

水煮沸后，倒入山茶花面粉搅拌均匀。

> 汤种若量太少会不好制作。这里完成的汤种，取34克使用，其余可分装后冷冻，约可保存半年，使用前回温即可。

搅拌面团

1 山茶花面粉、高筋面粉、奶粉、盐、黄油放入搅拌缸中，混合均匀。

2 加水继续搅拌。

3 搅拌至面团可拉出薄膜（五分筋）。

做法

此时若可拉出薄膜，但薄膜容易破掉，就表示还没到五分筋。

NG

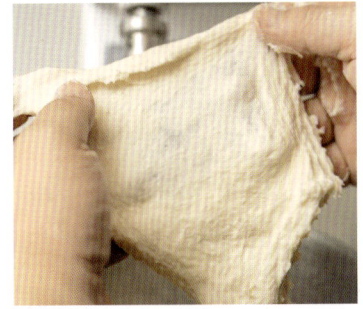

4
继续打至可拉出有弹性、不破的薄膜。

5
再加入汤种、淡奶油、糖。

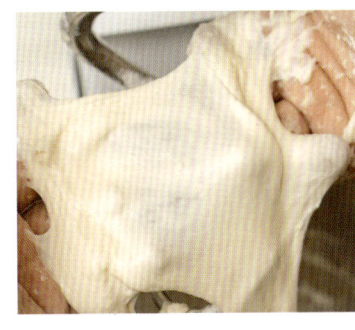

6
继续将面团搅打到可离缸，至少七分筋。

Point

◆ 遇到水量高的配方，可采取分阶段加入液体（水→淡奶油）的方式，让面团中的水分不要一下子太多，如此，搅拌时面粉与面粉之间拥有能够发生摩擦的空间，就容易产生筋度。等到面团筋性形成后，面粉会吸收更多的副材料。

◆ 此面团含水、淡奶油，油量高，需耐心搅打，成品也会比较黏手。

加入酵母

7
加入酵母继续搅拌。

动手做温暖又美味的面包

生吐司

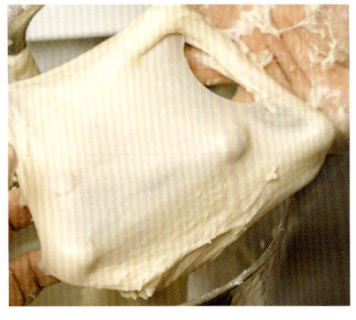

8
面团打至如图示程度，拉开薄膜，可以很清楚地看到指纹，透薄而不破，完全没有锯齿。面团终温26℃~27℃。

> 这个配方的含水量偏高，完成的面团是会比较黏手的。

发酵

9
面团盖布，基本发酵50分钟，让面团发酵到增大约1倍。

> 可以用量杯的方式确认面团发酵至增大1~1.5倍，参考P13。

10
发酵完成。

面团分割、擀卷

11
分割面团。

12
250克一个。

13
滚动成圆球状。

14
面团盖布静置，中间发酵松弛20~30分钟，直到擀开不会回缩。

Let's make a bread

15 拍平,从中间往下擀。

19 继续一折,按压。

16 再从中间往上擀。

20 稍微卷起。

17 翻面,由上往下折。

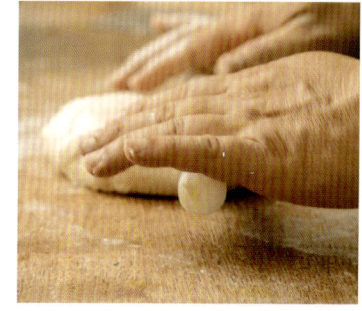
21 转90度再拍平,往下擀,再往上擀,卷起。

18 再折。

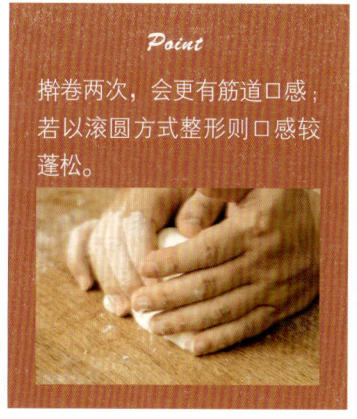
Point
擀卷两次,会更有筋道口感;若以滚圆方式整形则口感较蓬松。

生吐司

放入模具、后发酵

22 吐司模要先抹油，避免沾黏。

23 面团摆放进抹油过的吐司模。

24 最后发酵到九分满。

Point
这个配方的水分较多，面粉量相对少，因此对于一般容纳450克面团的模具，放入面团量要到500克，才能做出吐司绵密的口感。

25 发酵完成。

26 以上火170℃、下火230℃烘烤约25分钟。

27 出炉前测温。当吐司中心温度达到98℃，再烤3分钟即可出炉。

Point
生吐司含水量高，烤到96或97℃出炉时可能还会歪腰，所以建议烤到中心98℃才出炉，会比其他面包多花一点点的时间。

面团搅拌程度的拿捏

生吐司强调柔软,坊间许多食谱在面团的搅拌上常会建议打至光滑,不过对于熟练度不佳的初学者来说,"打至光滑"跟"过度搅拌"往往只有一线之隔,不好拿捏。面包的膨胀支撑来自面粉搅拌时所产生的筋性,会形成薄膜包裹住发酵产生的二氧化碳;当搅拌程度过高,包裹气泡的薄膜会变得很薄,如此则面包的支撑性降低,容易塌陷或皮皱。

根据经验,面团搅拌过度的伤害远大于搅拌不足,若是还在练习手感的读者,不妨先把面团打到拉开后呈现小锯齿的状态,基本上面团只要打到大锯齿到小锯齿间的程度,就可以做出品质不错的成品来。

随着一次又一次的经验累积,从小锯齿往打至光滑迈进,其间记录每次的口感与烤焙后的外观、表皮厚度,看自己吃不吃得出来品质的差异,决定将来要在哪里下功夫。

生吐司

阿洗师傅带你品面包

1

室温下2~3天仍能维持柔软

生吐司强调的便是不需烘烤，2~3天也能保有柔软口感，因此检视一条生吐司有没有做好不是在当天，而是要放到隔天甚至第3天，观察有没有老化变硬。

2

从老化程度回推发酵状况

很快老化的生吐司，可能是基本发酵时温度太高，太快的发酵速度会让面包整体容易老化变干。

3 不容易掉屑

面包一旦老化变干，除了影响口感，也会变得很会掉屑。观察生吐司的掉屑状况也是评量自己吐司有否做好的指标。

4 组织细致有光泽

生吐司有淡奶油、黄油、糖等副材料，切面组织会呈现细致的光泽感；若带着粗糙，可能是搅拌不足或搅拌过度。面包的制作是复合的连续过程，可通过改变搅拌与发酵程度来微调效果，并让身体去记住感觉。

动手做温暖又美味的面包

生吐司

日常食
DAILY

阿沈的风味搭配学

1 不回烤，直接拿起来吃

生吐司贵在松软感，强调不用回烤，单吃就湿润美味。为了不辜负美名，建议不要烘烤，直接拿起来吃；或者也可以涂上喜欢的果酱或黄油，不过为了表现生吐司的柔软优势，建议选择味道不会太强烈的涂抹物，如花生酱便不适合。

2 夹上嫩嫩的欧姆蛋

有些食材要搭上烤得酥脆的面包，但不知为什么，煎得嫩嫩的欧姆蛋特别适合夹在口感同样软绵的生吐司上，共通的软嫩，会在嘴里创造出爆炸性的绵滑感。

3 搭上热可可

生吐司和可可是绝配，奶香味让这组搭配有巧克力牛奶之感。

4 想要喝一杯吗？红茶与鲜榨果汁是好选择

天冷时生吐司适合搭配热可可，天热时冰红茶、鲜榨果汁也适合，能创造出早餐健康的清爽感。

46 Let's make a bread

马斯卡彭吐司

我把尺寸做小、
黄油换成马斯卡彭起司.
烘烤过后,
便成为一款质感很好的素色上衣。

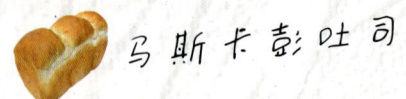

马斯卡彭吐司

"上课或配方只是一个骨架，得经过多次的尝试、调整、落实检验，才能得到适合的产品。不过，最关键的是，谁才是最后决定能否上架的人。"

马斯卡彭吐司是堂本近几年的新创作，也是我鼓励同事去外头上课所带回来的新产品。

每次上课回来同事总会分享所学，刚开始我会做最少的干预，听听他们学到了什么，也品尝做出来的面包风味，各同事也会盲测试吃。觉得有潜力的商品，便进入堂本面包实验室里进行调整开发。

通常只有十分之一的品项会上市成为商品，这款马斯卡彭吐司，从擀卷的方式、配方参数到尺寸大小全都试过一轮，最后发现不用擀卷、直接滚圆入模，最能保留优雅的奶香与化口性。这时我们就不用"假会"，觉得一定要多做什么来展现高超技艺，反而是以最小的介入，最能维持喜欢的味道。

尺寸大小也是个惊喜的发现，原本的配方是用450克的吐司模，经过不断实验，发现以磅蛋糕模具来烤效果最好，只要把模具稍微加工，在下方打上三个小洞，就可以烤出尺寸迷你、底部又平整的小山形吐司。

因为尺寸小巧，也让它产生了新出路，许多客人会拿来当零食，一小片几口就吃完。不少客人的回馈都说，马斯卡彭吐司看似平凡，却会在不知不觉中吃光光，尤其是烤过后有乳制品的高雅感，是其他吐司不容易取代的。

以前我做音响，师父常说"想"跟"响"不同，依照理论，音乐放出来应该是A，结果却是B；食物也是，上课或配方只是一个骨架，得经过多次的尝试、调整、落实检验，才能得到适合的产品。不过，最关键的是，谁才是最后决定能否上架的人。

如此重要的决定，绝不能由我来做，而是全体同仁"共同承担"，甚至门市小姐与老客人会占最大的比例。堂本有堂规，即使是我做出一个自我感觉良好的作品，只要被门市小姐打枪，一定什么都不说地摸摸鼻子回到厨房里继续实验。每天站在第一线的她们，最懂客人需求，门神的话怎么可以不听呢？

每项产品都会经过数月或数年的测试，直到门市小姐、老客人点头后，我才会拿给身边的朋友吃。这时已进入最后阶段，产品本身很完整，主要是分享，也做个简单的餐饮圈市调。

我始终清楚，我要服务的是这些跟了我十几年的老客人，一定得经过他们的点头，商品才会推出，与其追求各种最fine最细致的风味，我选择用很好的原料，做出普罗大众喜欢且生活上都能负担得起的日常面包。

我自己很满意这款得自于同事灵感的马斯卡彭吐司，欢迎你也来试做看看。说不定你会喜欢擀卷两次的风味，这样也很好。

马斯卡彭吐司

制作份量	3条,180g/条
模具尺寸	15.5cm×7cm×6.5cm

材料

A	烘焙百分比	重量(g)
高筋面粉	100%	240
（日清山茶花）		
盐	2%	5
水	68%	163
B		
法国老面	20%	48
（做法见P19）		
上白糖	8%	19
炼乳	6%	14
C		
马斯卡彭起司	30%	72
鲜酵母	3.2%	8
总和	237.2%	569

Point

◆ 液体用量超过65%烘焙比的配方,将面团打到可离缸、有弹性再下其他材料,材料更容易融合。

◆ 当制作份量少（或水分少）时,面团很容易打到离缸,但这不一定代表面团已经打到需要的程度了；此时应该打到面团光滑细致、不黏手,经过对折可以折出光滑面。

搅拌面团

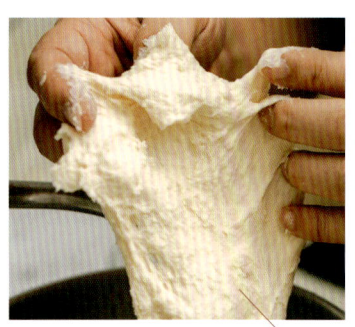

1 材料 **A** 混合,放入搅拌机中搅拌成团,打到能略微拉出薄膜,产生筋性。

如图示,面团虽已可离缸但还很粗糙,要继续搅打。

2 加入材料**B**。

3 面团搅拌到底部离缸,不沾黏。

4 放入马斯卡彭起司。

做法

5 继续搅拌面团到离缸状态。

这时候的搅拌要有耐心,因为面团含水量高,需要的时间比较长。同时,因为本配方做法为后下酵母,所以不用担心搅拌时间过长。

Point

面团打至离缸后,温度若高于27℃,可先取出、摊平,适时喷水,放入冰箱,冷却降温至23℃~25℃(冷藏约10分钟,或冷冻2~5分钟)。等面团降温后,即可取出,进行下一步骤。

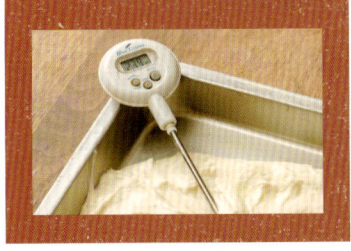

6 放入酵母,搅打至均匀。

7 完成的面团可拉出薄膜,约八分筋度。

发酵

8 取一小块面团放进量杯,等待发酵;其余面团收圆,盖布发酵至增大1.5倍。

以这个方法,看量杯刻度即可方便地确认面团在发酵中的体积变化。

后
前

在发酵的中途要不要翻面与原物料有关系,建议每种面团都测试将一半翻面,一半不翻面,便可挑选出最好的风味。(翻面说明请参考P17。)

动手做温暖又美味的面包

 马斯卡彭吐司

面团分割滚圆

9
面团发酵完成后，滚圆，分割成每个60克，滚圆，3颗一组，共可制作成三条吐司。

10
滚圆好的小面团，盖布静置10分钟。

◆ 吐司有很多整形的方式，本款吐司在研发过程中，尝试过擀卷一次与擀卷两次，但最好吃的是"滚圆入模"，滚圆入模的奶香味与化口性最为明显。

◆ 面团比较软，操作中手会黏的话可以沾一点面粉。

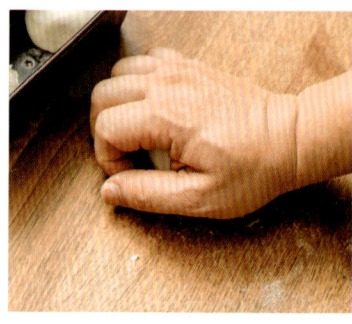

11
入模前再滚圆一次。

入模前再滚圆，面包口感会比较细致，形状不会歪七扭八。

NG

Point
如果对滚圆的动作不熟练，还有另一个方法：将面团对折，转90度对折，再转90度对折。

Let's make a bread

做法

放入模具、后发酵

12 将滚圆的面团3颗为一组，摆放进吐司模。

Point
这里使用的是磅蛋糕的模（15.5cm×7cm×6.5cm），但是在底部打洞，打洞后烤起来吐司会比较平。

13 喷水（防止表面干燥）。

14 静置发酵。

15 放于室温下，让面团发酵至在模具内九分满。

Point
- 也可放发酵箱，以36℃~38℃发酵约50分钟，以至九分满为准。
- "后发酵"的环境温度，从5℃~38℃（冷藏、室温、发酵箱）都可以让面团良好发酵；温度与时间是相关的一对变因（温度越低，发酵时间越长）。在此做法中，最终需要面团发酵至在模具内八九分满，可自己依实际条件去调整发酵所需的温度与时间。

16 以上火160℃、下火240℃烘烤约20分钟。

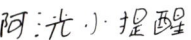
阿光小提醒

面团有经过擀卷的马斯卡彭吐司，口感较有弹性，但奶香味较淡；以滚圆方式入模，香气饱满口感轻盈（也是我在堂本店想表现的状态）。在家做的时候，不妨在打好面团后，将每种方式都做一遍，实际感受不同面团状态会造成的效果变化，再找出自己喜欢的。

动手做温暖又美味的面包

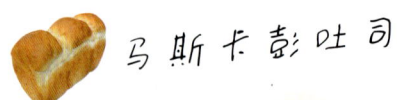 马斯卡彭吐司

1

不要歪腰,确认面包有烤熟

面包歪腰站不稳,70%都跟没烤熟有关,仔细观察自己的面包状态,若没烤熟,下次可以增加烘烤时间或拉高烤箱温度。咬起来会不会粘牙也是判断烤熟的指标,这款面包的化口性好,烤熟后绝对不会黏牙。

2

查看组织,不要有粗糙大气孔

关于吐司的组织该有多细致,各方说法不同。许多日本名店的吐司掰开后,组织也没有想像中的那么绵密细腻。只要不是上下沉积(中间松上下密),或上下两截看起来明显不同,都不算做坏,小小孔洞也不影响美味。

面团搅拌过度、发酵温度太高、擀卷或滚圆时没有适当地排气,都是造成组织粗糙的原因。虽然组织攸关口感,但情况只要不太过头其实影响不大。请不要太苛责自己,也不一定要求做到无毛细孔的状态。慢慢找到手感,每次的练习,都有机会看到组织的改变,进而抓出自己的参数。

Let's make a bread

3

品奶香与面粉香

该款吐司材料单纯,品的是马斯卡彭起司烘烤过的优雅奶香,另也有山茶花面粉的麦香;咀嚼中一直跑出的淡淡甜味,是上白糖与炼乳在生效。

阿洗师傅带你品面包

4

表皮光滑不破皮

是不是常不小心就把吐司的皮给烤破烤焦?入模前有滚圆、喷水,烤出来的整体形状与表皮都会比较漂亮。破皮也会影响绵密性,让松软口感消失,须特别留意。

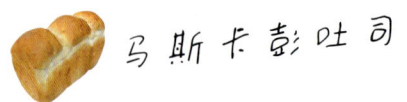 马斯卡彭吐司

 日常食 DAILY

阿沈的风味搭配学

1. 搭配酸果酱，奶香味会让酸味柔和

这款面包烤过之后，散发的奶香质感，是马斯卡彭自己的味道，和加了牛奶或黄油的吐司情况完全不同，单吃就非常美味。但如果想要多增添一点层次，可以抹上带酸味的果酱——像草莓、蓝莓等一起享用，马斯卡彭的乳香会让果酱酸显得圆润柔和，吃来平衡舒服。

2. 淋上枫糖浆一起享用

记得不要淋上蜂蜜，蜂蜜是蜜蜂嗡嗡嗡到处采集而来，味道较复杂；同样是甜，枫糖的味道单纯，更适合用来搭配奶香纯粹的马斯卡彭吐司。

和朗姆葡萄冰淇淋是绝配！

我常说哈根达斯是全世界风味最平衡的冰淇淋品牌，他们以世界为市场，测试过大部分地球人的喜好来研发产品。马斯卡彭吐司和哈根达斯的朗姆葡萄冰淇淋是绝配。我们从乳酪盘里知道，起司和葡萄干是好朋友，冰淇淋里的葡萄带酸，加上朗姆酒的尾韵，再以冰淇淋的奶香为介质，完美地和马斯卡彭吐司结合。

想喝杯咖啡吗？选杯带有酸质的中浅焙单品吧！

非洲带有酸质的中浅焙单品咖啡很适合这款吐司，无论是莓果酸或柠檬酸，都能拉出奶香，酸味同时也显得圆滑柔满。

喝杯咖啡！

红酒巧克力砖

我想做出像布郎尼甜点一样的面包.
玩风味的浓度、口感与层次.
献给有童心的大人.

 红酒巧克力砖

"我有点孩子气，想做出巧克力风味爆炸的面包来，有了远大目标后，堂本面包实验室便雄心勃勃地启动。"

我爱布朗尼，这款面包是面包师傅想要做给自己吃的面包版布朗尼。市面上的巧克力面包，包含我自己做的都是，常吃着吃着觉得单薄，心里会不由自主地想着："这不是巧克力这不是巧克力这不是巧克力……"

巧克力面包该有的浓郁巧克力味呢？不甘心面包做好后再自己沾酱，我有点孩子气，想做出巧克力风味爆炸的面包来，有了远大目标后，堂本面包实验室便雄心勃勃地启动。

想要满满的巧克力感，却也贪心地希望风味有层次不死腻，我决定自制三种不同的副材料——巧克力酱、巧克力馅片与榛果巧克力内馅，分别以搅拌、擀卷、抹馅的方式添进面团里，实验三种状态的巧克力以不同的方式进入面团、分布在面包的不同部位所带来的风味变化。也因为想要有咬感，特别在榛果巧克力酱里加入了杏仁碎粒。

一切看似合理（是吗？），不过研发的过程非常烧脑。最初我仅想到在搅拌的面团里混入巧克力酱，并在面团入模前抹上巧克力内馅。做好后，总觉得还是少了点什么，无法满足坐在地上跺脚说这不是巧克力的无赖大人。直到找到巧克力馅片这块拼图，采用类似可颂的裹入方式，整个味觉版图才完整。

巧克力馅片就像巧克力面团跟巧克力内馅间的桥梁，让彼此味道接合不断裂，又因为风味浓度上的差异，产生出不同的甜感。当我听到太太说"这根本不是面包是甜点嘛！"，就知道自己成功了。自制巧克力副产品看似麻烦，但只要选用好材料，百分百得手无误。巧克力酱加上热牛奶，化身为我冬天最爱的热巧克力饮品，馅片里的主原料法芙娜巧克力，我也时不时拿来当零食偷吃。总之，能做出一款自己喜欢，也获得大众青睐的面包非常幸福，我仿佛看到许多跟我一样无巧克力不欢的大人，得到了抚慰。

这款巧克力砖还添有一点点的红酒，是献给甜蚂蚁般的大人们，偶尔，就让我们当个伪儿童吧。

 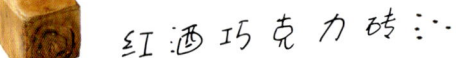

红酒巧克力砖

制作份量 2颗，500g／颗
模具尺寸 11.5cm × 11.5cm × 11.5cm
（三能 SN2050 方形土司模）

材料

A

	烘焙百分比	重量(g)
高筋面粉	100%	245
巧克力酱*	16%	39
法国老面	26%	64
（做法见P19）		
糖	8%	20
盐	1.6%	4
红葡萄酒	16%	39
水	35%	86
黄油	8%	20
鲜酵母	4%	10
总和	**214.6%**	**527**

B

巧克力馅片 *
榛果巧克力内馅 *

巧克力酱 *

材料	重量(g)
水	10
淡奶油	10
糖	10
可可粉	10

制作巧克力酱

1
水、淡奶油、糖先拌匀，以中小火煮滚，而后关火。

2
加入过筛后的可可粉拌匀，再开中小火煮滚。

3
煮滚后转小火，持续搅拌2分钟，稍微浓缩至可缓慢滴落、滴入锅中可堆高的状态。放凉备用。

Point

- 选择喜好品牌的无糖可可粉。

- 太早加入可可粉容易造成可可粉烧焦，必须在关火后加入拌匀，再加热。

- 可一次做大量，放冷藏室可保存约1个月。

- 加牛奶调到喜欢的浓淡，就可以做成热巧克力饮（冬天很适合）。

- 也可以加入1小匙的红酒，效果更好。

做法

巧克力馅片 *

材料	重量 (g)
牛奶	70
糖	35
高筋面粉	20
可可粉	15
酸的黑巧克力 64%~72% （堂本使用法芙娜 64% Manjari 曼特尼巧克力）	45
蛋白	30
黄油	20
玉米粉	5

制作巧克力馅片

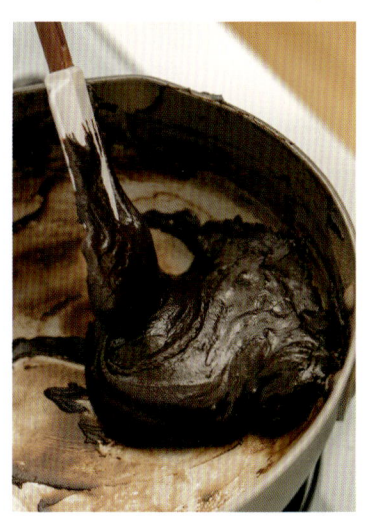

1 将牛奶、糖与已过筛的面粉、可可粉加入锅中，以打蛋器搅拌均匀。

2 以中小火加热至锅边微冒泡，关火。

滴落状态：滴落后呈现三角形半凝固状。

3 加入黑巧克力、蛋白与黄油、玉米粉拌匀。

4 继续以中小火加热并搅拌，煮到巧克力熔化，搅拌到没有颗粒后，把锅边刮入中心，继续搅拌加热。材料会慢慢从流动状变得浓稠，要煮至凝固。切记火不要太大。

5 之后把巧克力面糊倒在两层保鲜膜之间，整到厚度平均，约0.5厘米厚。

6 冷藏备用，约可保存一周。使用前直接取出即可（不必回温）。

* 此配方若把蛋白拿掉，就可以做成巧克力卡士达。

动手做温暖又美味的面包

 红酒巧克力砖

制作面团

榛果巧克力内馅 *	
材料	**重量 (g)**
杏仁碎	75g
水滴巧克力	120g
榛果酱	40g

制作榛果巧克力内馅

1 将杏仁豆用调理机打成碎颗粒状，也可直接选买市售杏仁碎。

2 加入水滴巧克力、榛果酱拌匀即可。

> 也可一次做大量，放冷藏室可保存约1个月。

1 材料A（鲜酵母除外）混合，放入搅拌机中搅拌成团。

2 继续打到离缸，面团温度25℃。

3 加入鲜酵母。

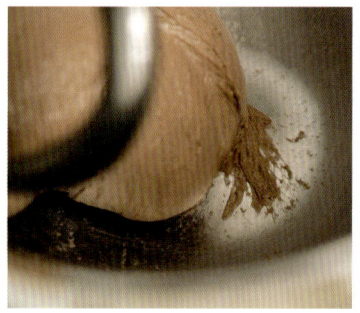

4 打到面团离缸，至七分筋。终温25℃~27℃。

做法

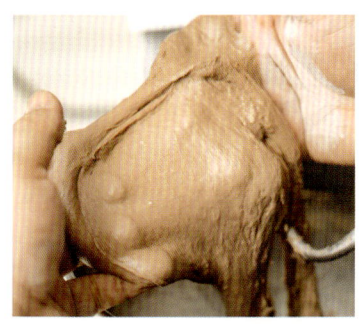

打到可拉起薄膜，但不是很薄。

5

将面团摊平盖布，松弛(发酵)20分钟。

这个步骤主要是让面团松弛。此配方中有大量法国老面，这些老面等同于中种面团，所以面团本身风味浓郁，发酵的香气就不是后续制作要关注的重点，材料的风味才是关键。

发酵的风味越多，材料风味就会越少，两者的关系就像跷跷板。所以在此，发酵过程的目的主要是让面团松弛好，以进行后续动作。

包入馅片，擀四折一

6

20分钟后，将面团擀开。

7

擀成约能包覆馅片的大小。

Point

将面团手粉较多的那面朝下，要以手粉少的那面来包覆馅片。

8

将巧克力馅片保鲜膜撕开，放到面团上。

动手做温暖又美味的面包　　67

 红酒巧克力砖

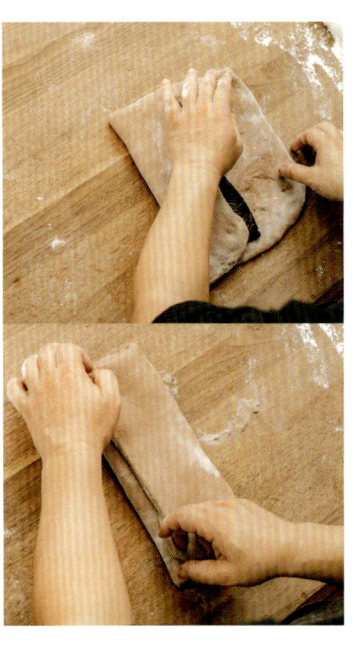

9 将面团往右折，再往左折，将馅片包起。

擀面团时若有沾黏，可撒手粉。

10 将面团擀开，转90度，继续擀开，成宽大直条形。

11 将面团再转90度，将上下两边往内对折。

12 再对折。

13 将面团两面撒粉，盖上保鲜膜。

14 冷藏约20~30分钟，松弛到容易擀开的程度。

不要常温松弛，避免发酵。

抹上内馅、卷起

15
从冰箱取出，以擀面棍轻压出米字，慢慢推开。

16
擀成30厘米边长的正方片。

17
均匀抹上榛果巧克力内馅。

18
卷起成长条状。

19
在接缝处喷水，粘实。

20
在面团上方喷水，因为留太多粉的话口感会不好。

 红酒巧克力砖

放入模具、发酵

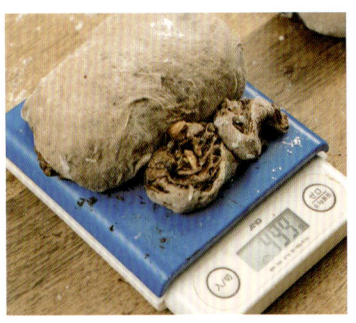

21 切成约500克一份。

> **Point**
> 若切出多的不规则小块,可放在模具底部。

22 烤模刷上黄油。

23 将面团放入模具。

24 盖上塑料袋,静置。

25 发酵至九分满,约50分钟。

放进烤箱

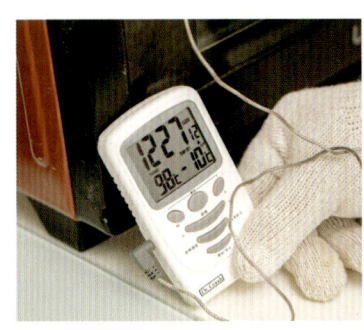

26 盖上盖子进烤箱,以上、下火220℃烘烤约30分钟,烤到中心温度98℃。

做法

因为每个烤箱的温度显示状态不同,如果第一次烤,发现30分钟后面包还无法达到中心温度98℃,那么下次就可将温度设定调高10℃~20℃。以烘烤时间30分钟为前提,找出自家烤箱最适合的烤温。

27
用力震敲模具,
将吐司脱出。

 红酒巧克力砖

阿洗师傅带你品面包

1 烤出来要带圆角

以四方模具烤的面包，会希望烤出来带点圆角，因为这样意味着没有过度发酵从而把空间填满；若有尖锐直角，专业上称"出角"，即代表过度发酵，下次要减少发酵时间。

2 站好不歪腰

面包一定要烤熟！新手若担心的话，可以烤到2/3时长时以温度计插入面团中心点，只要达到96℃~98℃，再延续烤2~3分钟即可将面团烤熟。科学上面粉蛋白质在60℃~70℃即熟，但根据我的经验，要96℃~98℃才能稳定且固化。面包歪腰有七成都是因为没烤熟，少部分是因为发酵过度。

Let's make a bread

3

注意湿润度

因面团与内馅都有巧克力,巧克力遇热会成为液体,使得此面包咬下去有一定的湿润度。为了不让水分过度蒸散,面团在烤箱的时间不得超过30分钟,以免表皮过厚,以及让内里的湿润感消失。

4

以手切榛果创造独特口感

除了用市售的榛果酱,也可以手切烤熟的榛果放入,虽然会多花点时间,不过手切会带来大小不一的颗粒感,可以创造出很好的咬感。

动手做温暖又美味的面包

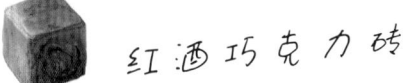 红酒巧克力砖

日常食
DAILY

阿沈的风味搭配学

 摆上香草或抹茶冰淇淋

既然是面包版的布朗尼,当然要烤过之后摆上一球冰淇淋。巧克力跟香草的搭配永远不会出错,覆盆子、黑樱桃等带酸的口味也适合;抹茶冰淇淋则是走另一种路线,通过抹茶的苦味,让巧克力砖的甜多了层回甘底蕴。

 杏桃果酱与打发淡奶油

灵感来自维也纳的经典甜点沙赫蛋糕,沙赫蛋糕是在巧克力蛋糕体的中间夹着杏桃果酱,蛋糕体表面再涂上镜面巧克力。把巧克力砖烤过切片后,涂上杏桃果酱便可做成面包版的沙赫面包,若想再华丽一点,就放上打发的淡奶油吧!

 **想要来一杯吗?
香料热红酒或冰牛奶**

有肉桂、丁香、柳橙等风味的香料热红酒,本就很有冬天的暖意,巧克力砖配上浑厚风味的热饮品,在天冷时会很有幸福感。夏天的话,跟冰牛奶一起喝则非常棒!烤得热乎乎的巧克力砖很适合冰凉有醇厚度的饮品,牛奶会变成巧克力风味,巧克力砖则会吃来像冰可可。

 大人味饮品,试试威士忌

有吃过夹馅巧克力中间放着烈酒吗?威士忌跟白兰地都很适合做成"蹦蹦"巧克力①,甚至也有酒吧做出热巧克力威士忌鸡尾酒。巧克力砖配威士忌是大魔王,适合想要微醺的你。

编者注:
①bon o bon巧克力,原产于阿根廷的一种夹心巧克力,内馅由奶油、水果汁、烈酒等与巧克力混合而成。

摆上香草冰淇淋！

动手做温暖又美味的面包

5.

起士奶油软贝果

这款面包玩的是外皮与内馅联合起来，
在嘴里的鲜嫩多汁。

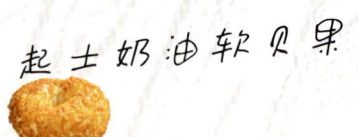
起士奶油软贝果

"通过提高面团含水量以及使用烫面技巧，
让整颗面包口感像带水的软润胶囊。"

你想像中的贝果吃起来是什么感觉？有点嚼感、带点咬劲，QQ的中间还可以剖半夹馅？

我收集了大家对贝果的想像，企图做出一款像贝果却又不是那么贝果的产品。奇怪，阿洸师傅到底在说什么？（听到许多人心里的OS[①]了。）

且慢，请听我娓娓道来，堂本的贝果口味从胡萝卜、豆浆、豆浆红豆，一路进展到这款起士奶油软贝果。如果有看过我第一本书《堂本面包店》的读者就会知道，胡萝卜贝果特别献给讨厌吃红萝卜的孩子，通过我在日本学到的烫面技巧，做出孩子喜欢的软Q及湿润口感，并以胡萝卜汁代替水，加入少许的柳橙汁与蜂蜜来提味，面团经过烘烤后带出的焦糖香，让孩子完全忘记了红萝卜的土味，大快朵颐，开心极了，我女儿便是最佳代言人。

编者注：
[①]一种新流行语，是英文overlapping sound的缩写，意思是在一方说话时，另一方同时有自己的内心独白。

起士奶油软贝果则是特别做给长者的产品，希望解决长辈想吃贝果却因为坊间贝果太有韧性而无法咀嚼的难题，通过提高面团含水量以及使用烫面技巧，让整颗面包口感像带水的软润胶囊，软嫩Q弹却不会过韧而让牙口太费力。一般来说长辈喜欢吃咸食，堂本的咸乳酪面包一直很受欢迎，我便延伸咸乳酪面包的风味，在贝果内馅里放入起司片、奶油奶酪与淡奶油，让内外结合产生一种鲜嫩多汁感，一改大众对贝果干瘪的印象。

在烘烤前还会铺上满满的乳酪丝，帮出炉后的贝果穿上一层薄脆外衣，带出口感层次。整个面包的设定也很符合我想替客人把馅料都夹好的心意。结果这款长辈面包我爸妈似乎有感应，在堂本的所有品项里，他们特别捧场这一味。

结束前再跟大家分享奶油起士软贝果的秘密武器，就像炒菜会加柴鱼高汤，我也在配方里加入了30%的可尔必思浓缩液，可尔必思就像面包里的类高汤，可以增添风味，也可以缓解起司里的油腻感，让味道平衡耐吃。

面包里有高汤，是这款面包想要带给大家的礼物，bon appetit（编者注：法语，愿你好胃口。）！

起士奶油软贝果

制作份量	8颗,60g/颗	
材料	烘焙百分比	重量(g)
高筋面粉	100%	255
法国老面	10%	26
（做法见P19）		
烫面*	6%	15
糖	6%	15
盐	1.2%	3
奶油奶酪	8%	20
可尔必思浓缩液	30%	77
水	35%	89
鲜酵母	1.2%	3
总和	197.4%	503

* 烫面是以面粉与等量沸腾的水混合，搅拌均匀至没有颗粒，冷藏隔夜而成。大量制作后可放一个月。

贝果内馅 (依实际需求调整制作分量)	
材料	重量(g)
起司片	25
奶油奶酪	70
糖粉	5
淡奶油	5

制作内馅

起司片先用调理机打碎或以刀切碎，而后加入其他材料拌匀即可。

冷藏可存放3~5天。

搅拌面团

1
将所有材料混合（鲜酵母除外）放入搅拌机中，以中慢速模式搅拌均匀。

可尔必思有独特的酸味，可增加风味。

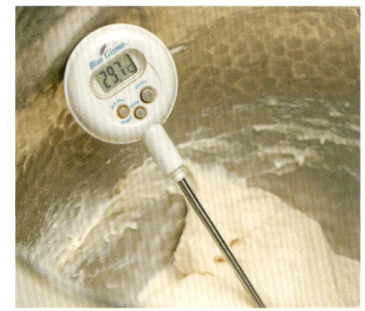

2
搅拌到面团表面光滑有筋性，达七八分筋度，温度控制在25℃以内。

Let's make a bread

做法

Point

搅拌后面团温度如果太高，可摊平喷水降温。（因此时酵母尚未加入，所以面团温度暂时太高的影响不大。）

发酵

发酵增大0.5~1倍口感最好，因为是制作贝果的关系，面团不宜太蓬松，至多1倍。

4
取一小块面团放进量杯，等待发酵；其余面团收圆，盖布发酵30分钟（或发至增大0.5倍）。

— 后
— 前

以这个方法，看量杯刻度即可方便确认已发酵至增大0.5倍。

3
面团到合适的温度（约23℃~24℃）后加入酵母，搅拌至看不见酵母的颗粒（此时面团温度约为25℃）。

Point
- 因为贝果的面团比较干，可以喷一点水帮助酵母溶解。水不宜过多，不然贝果的口感会太软。
- 若酵母不散，可把面团撕成小块，再搅打。

面团整形、松弛

5
发酵完成后，将面团先切成长条，再分割成60克一个。

6
把面团压平。

动手做温暖又美味的面包

起士奶油软贝果

7 翻面。

为维持面团湿度,可随时喷水。

8 从上往下折三分之一。

11 中途盖布发酵松弛20分钟。

9 再折三分之一。

擀开、包入馅料

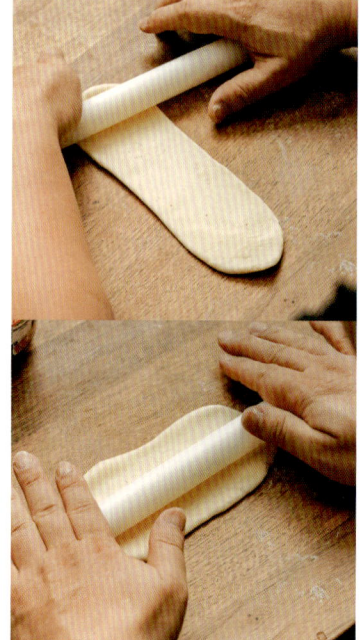

12 将面团擀成牛舌饼状,转90度,再上下擀开。

10 用大拇指往上推成长条状。

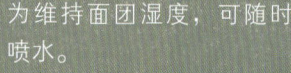

Let's make a bread

做法

卷成贝果形

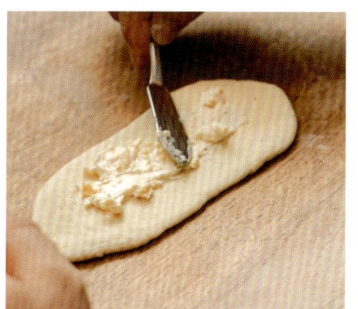

13
包入内馅（20克）。

16
用擀面棍将头端擀开、压平。

Point
馅料不可挤到边边，那样煮贝果时内馅会溢出。

NG

14
将面团由上往下折至五分之四处，包起馅料。

17
压平处沾水。

15
卷起呈棍子状，以食指收口压紧，滚动成条。

18
将面团底线朝上绕圈。

动手做温暖又美味的面包

起士奶油软贝果

后发酵、烘烤

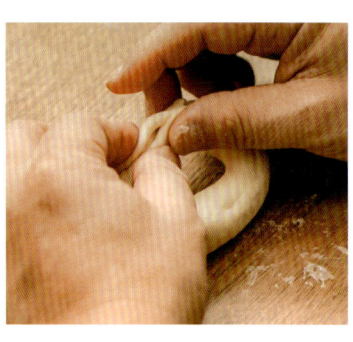

19 捏紧接口，面团成圆圈状。

22 将卷好的面团进行发酵。如果家里没有发酵箱，可将面团喷点水后放进泡沫塑料盒，盖上盖子，经过约40分钟检查一下发酵状态（如果面团太干可再喷水）。最后发酵膨胀到增大约0.7~0.9倍（共需1小时左右，后面不用水煮）。

20 把尾端收进去，面团成一个完整的圆。把面团底线向内收起。

21 中指穿过圆心滚动面团。

若是贝果太干，可于制作前喷水。

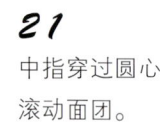

Point

◆ 因为这个面团不需要再煮过，后发酵的状态建议在增大0.7~0.9倍，不宜发酵得太大，发酵时间比一般甜面团短。

◆ 因为家里的环境条件一般很难稳定，若以放泡沫塑料盒（或塑料盒）的方式发酵，一个重点是要随时注意不要让面团吹到风，维持密闭的环境才能保持发酵温度。

◆ 最后还是要以面团的实际状态作为判断发酵成败的标准：理想的发酵结果，面团表面摸起来的湿润感应与刚打好的面团相仿；面团不会过软，仍能维持圆形。

◆ 如果使用发酵箱，建议设定发酵温度在35℃~38℃，湿度在80%~85%。

做法

23 在表面涂面糊水。

24 将表面均匀沾上乳酪丝。

Point

◆ 这里以面糊水取代蛋液用于黏着，不吃蛋者即可食。

◆ 面糊水＝面粉1：水2，调匀至浓稠状，即可作为乳酪丝的黏着物。

25 设上火200℃～225℃，下火180℃，烘烤10~15分钟即可。

阿洸小提醒

前面有提过，可尔必思浓缩液可以增添酸味并让乳酪的厚重感轻盈，真的是这样吗？光听阿洸师傅说不准，有机会请一定要去实验。若想试做无可尔必思版本，只要把配方里的可尔必思换成水即可。对了，浓缩液记得去食品材料行买，便利商店卖的是可直接饮用的稀释版，加了效果不大；但若手中真的只有便利商店版，只好增加比例，把原来35%的水也换成可尔必思试试。

编者注：作者使用的"可尔必思浓缩液"产品外观扫描二维码可见，该品为台湾产，外观有"业务用"字样。

动手做温暖又美味的面包

起士奶油软贝果

阿洸师傅带你品面包

1 用力压后能快速回弹

贝果在历史上出现已四百多年。比起一般面包，贝果拥有更好的弹性，下压后应该能回弹如初，若不会回弹而呈凹陷状，代表贝果可能没烤熟。

2 带有扎实感，不要太蓬松

贝果的面团发酵程度通常不会太高，约增大0.5到1倍，也就是说面团里不会产生太多的二氧化碳，面包吃来口感扎实，吃一颗就很有饱足感。

Let's make a bread

3 组织密实,孔洞不明显

有一些贝果的做法是面团不太发酵,松弛分割完便直接整形、后发酵,这攸关每个制作者想呈现的风味口感,成品因为发酵程度少,切面组织会较一般的面包来得密实、无孔洞。

4 尝到的是面粉香还是发酵香?

发酵时间长,口感会软一点,想表现的是慢炖般的融合滋味;发酵时间短,口感会有弹性、咬劲,保留更多食材原味。吃贝果时,可仔细品尝,看看这次制作者要呈现的是面粉香还是材料融合后的发酵香。

动手做温暖又美味的面包

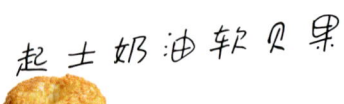 起士奶油软贝果

 日常食
DAILY

阿沈的风味搭配学

1. 让白花菜浓汤来加分

白花菜是一款没有威胁感的蔬菜,做成浓汤时,淡淡的厚实感很适合跟着起司一起享用,就像红花绿叶,两个都加分。可以把贝果掰成小块,沾着花菜浓汤,会有意想不到的好效果。

2. 加上熏鲑鱼,增加华丽感

常看到贝果里夹上熏鲑鱼,而熏鲑鱼又适合白乳酪,因此这款贝果当然可以这样搭!把起士奶油软贝果剖半夹上熏鲑鱼,可以增加另一种软绵咬劲与鲑鱼风味,同时增加面包整体的华丽感。

3. 夹着元本山海苔与明太子酱也很好

这款面包跟有酱油风味的海苔根本是绝配!无论是一口海苔一口面包,还是面包剖半夹上海苔,全都好吃到不行。面包馅料里的咸香与一点点甜,与微辣的明太子酱也很适合,面包剖半后抹上,绝对会让你今天吃完隔天还想要。

4. 想来杯饮料吗?重发酵茶是好选择

起司虽是西方来的,不过我觉得这款贝果跟咖啡比较不属同一类,应该要中西融合,来点茶来配。从红茶、红水乌龙到东方美人等重发酵茶都适合,搭配起来会带有奶味,在口中转化成奶茶感,很有意思。

编者注:
台湾的一个海苔品牌,产品用到酱油来调味。
②红水乌龙和东方美人都是台湾地区有名的乌龙茶。

Let's make a bread

让白花菜浓汤
来加分!

盐可颂

拥有人类的所有渴望:
淀粉、油脂、甜、咸、酥、香。
不过时效很短,当天品尝最完美。

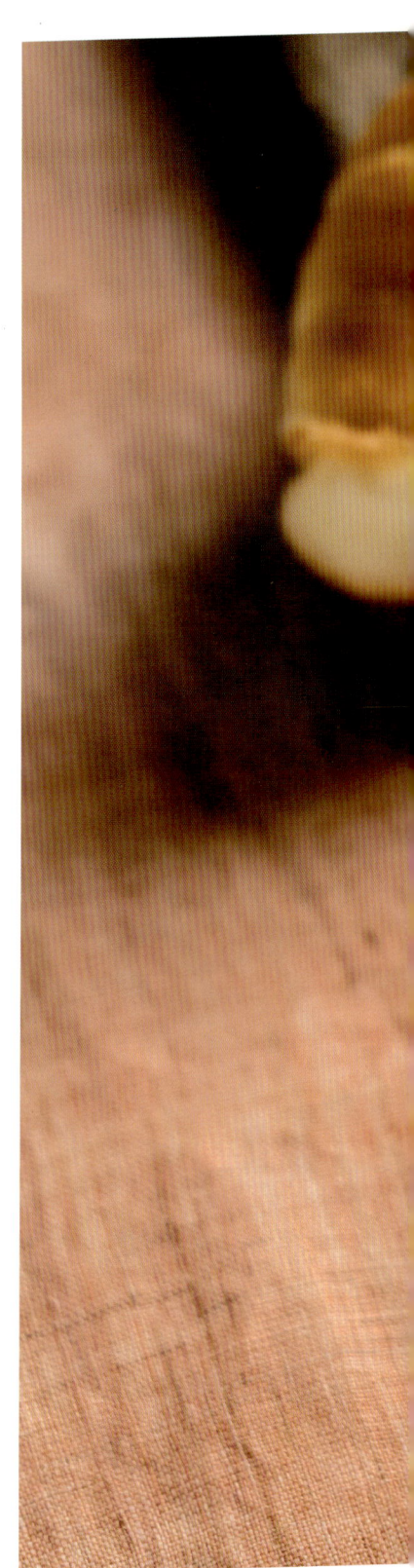

 盐可颂

"有些商品风味饱满，一颗就让人满足；有些则要让人不知不觉，一颗接着一颗地吃。就像电影院里的爆米花，不必超级美味，但一定要能产生神不知鬼不觉的'自在感'。"

2016年台湾吹起了盐可颂风潮，它有甜有咸有油脂有奶香有焦糖香有淀粉香，集结了人体所有基础生理欲望的总和。为了不让客人失望，我也开卖了。

好面子的我，想着绝不能让老客人吃到别家后觉得比较好吃，自恋的阿洸师傅只能接受"吃来吃去还是你们家最好"这个答案。

但我又不是天才，怎么可能随便做就好吃，我先画靶再射箭，设定出"地表最强"盐可颂的目标后，逼迫自己发奋图强，认真研究。

我先试验出一个在面团里放入黄油条，让人意犹未尽的配方，黄油不能不够，不能刚刚好，而是要让人吃完后还想"再来一颗"的最佳配比。

这是我设计商品的重要逻辑，有些商品风味饱满，一颗就让人满足；有些则要让人不知不觉，一颗接着一颗地吃。就像电影院里的爆米花，不必超级美味，但一定要能产生神不知鬼不觉的"自在感"，让人一边看电影一边不小心地完食。

我对盐可颂的期待便是如此，小小一颗，很容易吃光，但绝不能一颗就满足，它得是个勾引，不停地对着你招手。不过坊间食谱千篇

一律，我得不断地调整配方。也希望可以用一点点的酸味来平衡黄油的油腻感，陆续试了果汁、红酒、优酪乳后，最后用到可尔必思才感觉对了。如同前一篇起士奶油软贝果所言，可尔必思是面包里的类高汤，不但可以带出整体的风味层次，内含的酸味也能中和掉黄油的油腻感。

唯一需要留意的是，盐可颂的最佳赏味期很短，大部分面包放隔天回烤后差异不会太大（有些经过后熟，以及把表皮水气烤掉后，甚至更美味），不过盐可颂的最佳赏味期是当天，就像法餐里的桌边服务，得在短时间内迅速吃掉，才能品尝最美的瞬间。

它最引人食欲的，便在于里头的黄油微微流出，和底部面团一同加热后，具有烤炸后的酥脆感，配着表皮的酥松，吃起来一脆一酥，加上咸味与黄油的油脂，说着说着，就想来一颗了。

地表最强盐可颂未必是史上最美味的，好吃与否见仁见智，但我想做的是地表"最自然"的面包，自然到让消费者一不小心就吃完一颗，立刻决定把减肥抛诸脑后，再来一颗。

虽然它是个美味期短的面包，但若真的吃不完放冷冻室，保存后回烤，仍旧可以维持一定的状态。在配方里，我以海藻糖与可尔必思尽量延缓它的老化，如果当天出炉是100分，隔天可能会降到80分或70分。当天吃完最好，但这本书我们强调实验精神，或许，你也可以尝尝第二天跟第三天的风味。

盐可颂

制作份量	约10个，50g／个
发酵完尺寸	长约12cm × 宽5cm
	（卷完的可颂有七圈，长度会依个人卷的手法而稍有差异）
出炉尺寸	长约13cm × 宽6cm

材料

A	烘焙百分比	重量(g)
高筋面粉	60%	155
（日清山茶花）		
低筋面粉	40%	103
法国老面	16%	41
（做法见P19）		
糖	0.8%	2
盐	1.2%	3
海藻糖	2%	5
可尔必思浓缩液	28%	72
水1	44%	114
黄油	4%	10
B		
低糖干酵母	1.2%	3
水2	6%	15
总和	203.2%	523

搅拌面团

1
将材料A全部放入钢盆。

◆ 因为希望油脂充分乳化，与其他材料充分地结合，所以一开始就放入黄油。以往做法会把黄油分开放，但经实验发现，黄油一起加入搅拌，对于面团的柔软度更好。

◆ 配方中使用的是浓缩的可尔必思，材料行可买到，为了风味，要选业务用浓缩版本（见P85）。

2
开始搅打，搅拌至面团离缸。

面团打到离缸时测量温度，若温度太高要先降温，若温度适合就可以直接加酵母。

做法

Point
若面团温度太高，该怎么办？

若面团打得温度太高，比如至29℃。

此时因为还没有加酵母，所以没有影响。可将面团摊开，在其表面喷水，达到湿润即可。

将面团放冷冻室快速降温，大约三四分钟。（水分有利于导热，让温度更快降下来。）

当面团温度降低到23℃或24℃就可以再继续搅拌。

3
将材料B中的干酵母与水2拌匀溶解。

4
把已溶解的酵母加入面团后继续搅拌。

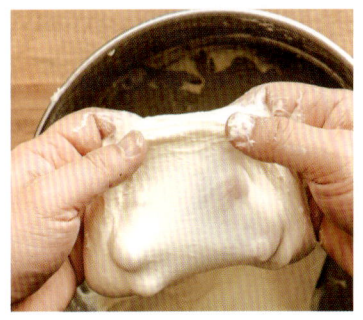

5
搅拌至面团出七分筋，这时面团可拉开呈略厚的薄膜。

发酵

6
取一小块面团放进量杯，以便观察发酵，其余面团收圆，准备发酵。

动手做温暖又美味的面包

盐可颂

7
将大块面团放入缸盆并覆盖，与量杯一起放进发酵箱，发酵1~1.5小时，至增大1倍。如果烤箱有发酵功能，大约设定在30℃。

以这个方法，看量杯刻度即可确认发酵后体积增大倍数。

分割、整形

8
面团发酵完成后，分切成长条状，再等份分割成50克一球。

9
将分切好的小块面团压平。

10
翻面对折。

11
面团折口朝下，搓成长条形，放入烤盘。

Point
分割时要保持面团表面平整，这样它才能好好发酵，包住二氧化碳。

松弛、刷上黄油

12
稍微喷一点水。

Let's make a bread

做法

13
盖布松弛10~15分钟。

14
同时间熔化黄油（配方外），在面团表皮刷上。将面团冷藏10~20分钟。

- 冷藏能让面团型更定，同时让黄油凝固，比较不容易被面团吸收掉。
- 黄油厚厚地刷两次，面团擀开卷起的时候才会有层次，盐可颂烤的时候外表才会分层。

在堂本面包店，出于对产品上架时间与人员设备的考量，使用隔夜冷藏的做法，当面团做到这个步骤（刷完黄油），就会放进冷冻室，让面团与酵母停止动作。工作者下班前再将面团移到冷藏室（5℃~7℃）退冰松弛到隔天，而后再进行往下的制作过程。

这个方法不会影响面团质地，一样能得到品质相当好的面包。（但冷冻时间尽量不要超过三天，因为配方中使用的不是耐冻酵母，若冷冻时间太长酵母会阵亡。）

如果在家中制作时刚好遇到时间不够的情况，也可以采用这个做法，隔天再完成面包的制作。面团从冷冻的状态退至冷藏室解冻，约需要6~8小时完成，可依想要继续制作的时间点往前回推解冻时间点。

擀卷成可颂型

15
将面团压平成长条状。

16
先擀左上。

动手做温暖又美味的面包

 盐可颂

17
再擀右上。

18
形状似大象。

19
沿着长轴由上往下擀,边拉面团边擀。

面团尽量拉长,可以卷的圈数会多一点。盐可颂卷越多圈会越漂亮。

20
放入黄油条(5克有盐艾许黄油,配方外)。将面团由上往下卷起,一边卷一边拉。

包入的黄油5克是长久试验出来的分量,4克太少、6克刚好,而5克则藏着意犹未尽的小心机,让人吃完还想再来一颗。

Point
制作黄油条

◆ 黄油放室温下软化,用挤花袋挤成长条,5克一个,冷藏备用。

◆ 没用完的黄油条放冰箱冷藏可存一个月以上,以后就可直接使用,不必再称重。

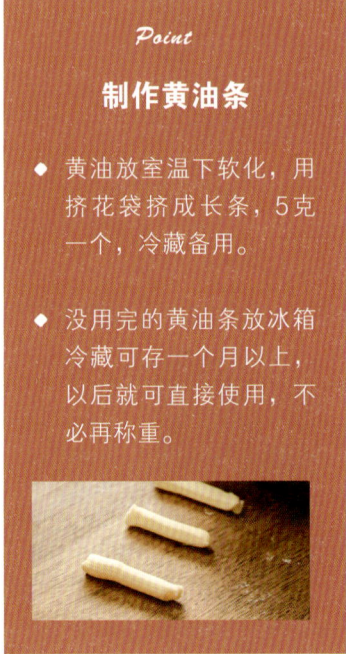

后发酵、烘烤

21
面团放置烤盘上，最后发酵至少一个小时，环境温度为室温或约28℃（温度过高黄油会融化）。面团发酵到手指按下去有压印，不会弹起为止，增大约0.8倍。而后撒上盐之花。

面团发酵时的湿度很重要，水要随时喷，或盖住面团，维持面团刚打好时的湿润度，就适合发酵。

22
放进烤箱，上火210℃~230℃，下火160℃~170℃，烘烤约12~13分钟。

Point

- 通常烤到时间过半（约6~7分钟），面团应该已微微上色，如果此时面团还很白，可能表示烤箱温度不够，可先调高20℃；继续烤至第8~9分钟时，如果发现面包底部颜色太深，可多垫一层烤盘，并关掉底火。

- 建议整体烘烤时间控制在13分钟，如果烘烤超过13分钟，水分会流失更多，面包容易干硬化。

23
静置冷却。盐可颂当天吃完风味最佳，隔夜吃则需回烤保持口感。

盐可颂

阿洗师傅带你品面包

1 底部的颜色可稍微烤深一点

烤深一点会特别香,但切记不要烤焦,不然会反苦,甜味跟香气也会消失。可测试一下家中烤箱,找到适合的下火。

2 不要太在意表面纹路

表面纹路的数量受制作手感与经验值影响,虽然会左右产品外观,但对风味的影响不大,还是一颗好吃的盐可颂!只要带着投入的心,持续练习,就有机会做出漂亮的盐可颂。

Let's make a bread

3 观察是否发酵不足

虽然食谱建议面团后发酵到增大0.8倍，但实际大小会跟整形手法有关（整成瘦长形或扁圆形），每个人的整形情况不同，所以不好简单地按一个数值。不过有个观察点，若盐可颂出炉当天内里吃来口感偏硬，且呈现老化状态，可能代表面团发酵程度不足，下次可以让它再膨胀大一点。

4 用纸板来记录发酵程度

每一次都记录面团后发酵的膨胀尺寸，找到最适合的大小后，不妨将尺寸画在纸板上挖下来，方便日后对照，（鲜奶核桃的后发记录我也是这么做的，）以后就容易知道要发酵到什么样的宽度、高度，让发酵不再神秘。

 盐可颂

日常食
DAILY

阿沈的风味搭配学

法式蒜香烤田螺

可以买食材店里的田螺罐头，加上堂本的巴西利奶油酱（见本书P162），一起入烤箱烘烤后，搭着盐可颂，简单就做出一道看起来很厉害的前菜小食，让人对你产生很会做菜的"错觉"，而且这样搭起来味道确实非常美。

香草冰淇淋

冰淇淋的凉感配上盐可颂底部黄油煎过的酥脆，一个丰盛的下午茶便完成！如果还想搭个饮料，带有柠檬味的西西里冰咖啡很适合。

啤酒或苹果气泡酒

盐可颂的酥脆有种油炸感，会让人很想搭配有气泡的饮品，啤酒跟气泡酒都是好选择，其中我喜欢苹果气泡酒，香甜的苹果味让人好心情。

焙茶牛奶

盐可颂适合搭配有厚度的饮品，冬天的话焙茶牛奶很适合，带着醇厚度，味道却又不会过于浓郁，和面包的甜味刚好平衡。

法式蒜香烤田螺！

丹麦焦糖蔓越莓

觉得丹麦面团的擀卷很难吗?
这是一款让你看不见失败,且老少咸宜的丹麦面包。

丹麦焦糖蔓越莓

"为什么会好吃？因为他没有面包师傅的惯性，
只是以想做出美味面包的健康心态，
把对料理科学与风味的理解都用上，让味道起承转合。"

它是一款浴火重生的面包。

记得刚开始制作丹麦面团时，常会有擀坏或发酵膨胀不理想的状况，面对着一大堆的失败品与切下来的边边，有点头疼，又舍不得丢进垃圾桶里，我想起了法国西北部布列塔尼省的经典甜点——Kouign Amann克林阿曼（法式焦糖奶油酥），便决定来试试。

据说克林阿曼的起源，是面包师傅利用手边剩余的面团随机应变，以制作可颂的手法，揉进大量的糖与黄油，再烘烤出带着厚实感与焦糖感的"另类"可颂。

我依样画葫芦，拿起手边不完美的丹麦面团，挖掘多年饮食经验里可以用上的食材，先把面皮冷冻切丁，跟砂糖、泡过白葡萄酒的蔓越莓干、柠檬皮拌匀，再放进撒了砂糖的模子里烘烤，当温度升高时，砂糖会熔化成如玻璃般的焦糖脆底，多种材料的混合物让丹麦皮变得丰盛。整个过程简单不复杂，推出后竟然受到欢迎，也让原本宣告失败的面团有了新生命。

随着对面包技术的熟稔，现在堂本的厨房里自然没有失败面团了，但我们仍保留着这款焦糖蔓越莓，每次做丹麦，都会专门打一块皮去做这项商品。我想借由这款面包，跟喜欢家庭制作却常担心的新手朋友说，刚开始尝试裹油类面团时，会因为手感不足没信心，做出一个不像牛角的牛角包就很可能厌世，这时，不妨停下来试试这个做法，不论你面团擀得好不好，它都会给你甜美的回馈，让你看不见失败。

然后请继续坚持，所有手作都需要经验值，待累积更多的手感与信心后，便有机会做出可以拿来请客的面包来。

最会做面包的，常不是面包师傅，就像被我评定为全台湾最好吃的佛卡夏，便出自一位厨师朋友之手。他跟我学做法，却烤出了连我自己都做不出的余韵回甘。为什么会好吃？因为他没有面包师傅的惯性，只是以想做出美味面包的健康心态，把对料理科学与风味的理解都用上，让味道起承转合。

所以，非专业真的是缺点吗？把面团擀坏又有什么关系呢？

我们还有打气圣品——丹麦焦糖蔓越莓。

丹麦焦糖蔓越莓

制作份量 约9个，100g／个
模具尺寸 直径10cm×深度3cm

丹麦面团

A	烘焙百分比	重量(g)
高筋面粉	60%	150
低筋面粉	40%	100
糖	10%	25
盐	1.6%	4
黄油	8%	20

B		
牛奶	30%	75
全蛋	20%	1颗
水	10%	25
法国老面	6%	15

C		
鲜酵母	3%	8

总和	188.6%	472

D

裹入用黄油（即将制作时再从冷藏室取出） 118

E

蔓越莓（泡过白葡萄酒）	156
二砂糖（即金砂糖）	132
柠檬汁	14
肉桂粉	1.5
丹麦面团	590

（因制作过程中每个人的材料损耗可能不同，最后完成的面团分量也可能有差距）

制作丹麦面团

1 将材料A混合搅拌成砂砾状，让黄油均匀包裹面粉。

2 加入材料B，搅拌到不粘手、面团表面还有粗糙纹路，即可加入材料C酵母。

3 继续搅拌到酵母充分融入面团，即可取出面团。

Point
搅拌时可喷少许水，使酵母容易被吸收。

做法

4 将面团收圆,此时表面会不太平整,筋度约七分。

5 给面团割十字。

6 从中间往四周摊开,简单整形。

7 包上保鲜膜。

8 放入冰箱冷藏松弛约12小时。

擀出薄片黄油

9 撒粉在防黏布上,放上材料 **D** 黄油118克。

10 盖上防黏布。

11 轻轻将黄油敲平,会粘布就撒一点粉。

12 黄油轻敲至1厘米厚。

动手做温暖又美味的面包

开麦焦糖蔓越莓

13
黄油配合面团大小稍微整成四方形。

16
黄油摆放面团中间。

> 这里使用的黄油是在制作前才从冷藏室取出敲打，黄油经过敲打后，包入面团时，延展性会比较好。如果是先把黄油敲打好再冷藏，那么取出时黄油片还是硬的，没有延展性能，包入面团擀开后容易断裂。

17
将面团四边朝中间折叠。

面团包入黄油片

14
取出隔夜发酵的面团，此时面团应发酵成大1倍。

15
擀开至可包入黄油片的大小，约为黄油片2倍大。

18
像信封样包覆住、裹入黄油。

19
以压米字形的方法，让面团跟黄油能平均地结合分布，这样面团擀开时厚薄会比较均匀。

做法

20
上下慢慢压开。

23
再往另一侧折1/3。

第一次三折

21
旋转90度，左右擀长。（编者注：面团自身延展方向与上一步相同。）

24
撒粉。

22
将厚度擀到0.3~0.4厘米。将面团往一侧折1/3。

25
把面团左右两边折的地方割开，面团就变成三片。

将面团割开可让拉力减弱，就能减少面团回缩力，方便后续再做一次三折。

Point
一面擀一面修正厚度，让面团尽量平整，厚度一致。

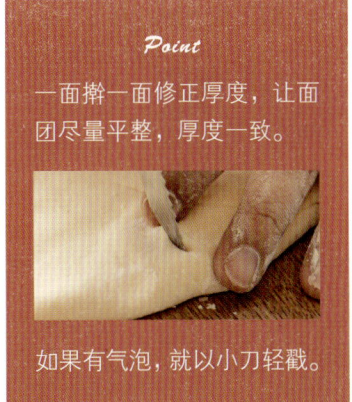

如果有气泡，就以小刀轻戳。

动手做温暖又美味的面包

丹麦焦糖蔓越莓

第二次三折

26 在上方压出米字压痕,再压出垂直压痕。

27 慢慢继续擀长,厚度至0.3~0.5厘米。

28 重复前一次工序,往一侧折1/3。

29 再往另一侧折1/3。

30 把折的地方割开。

31 面团变成三片。

第三次三折

32 包上保鲜膜,冷藏松弛约30分钟。而后在面团上压出米字形。

33 再压四边。

做法

34 压出垂直压痕。

35 慢慢擀开,厚度至0.3~0.5厘米。

36 重复前一次工序,往一侧折1/3。

37 再往另一侧折1/3。

38 把折的地方割开,面团变成三片。包上保鲜膜,冷藏松弛约30分钟。

擀开最后一次、冷冻定型

39 松弛完成,在面团上压出米字形。

40 再压四边。

41 慢慢压开。

丹麦焦糖蔓越莓

丹麦皮切丁、拌料

42 将面团擀长。

46 把从冷冻库取出的丹麦皮（半冷冻状态）先切成1.5厘米宽长条。

43 厚度0.3~0.4厘米。

47 再切成1厘米边长立方块，共约590克。

44 擀开后，松弛3~5分钟，依照需求分切。

48 将材料E中的蔓越莓、二砂糖、柠檬汁、肉桂粉混合。（这些材料也可替换成任何喜欢的配料，可甜可咸。）

45 将面团送进冷冻库冻至微硬、易切割程度，约需半小时。

49 加入切丁后的丹麦皮，有结块就用手分开，冷冻足够会较好分开。

做法

50 让每个切丁的丹麦皮都能均匀裹上配料。

53 静置,面团发到与模型一样高即可。

入模烘烤

51 在模具底部均匀撒入二砂糖,约1小茶匙。

54 进烤箱。上火180℃、下火230℃,烤25分钟。

52 将丹麦皮放入撒糖的模具中。轻压实,让底下不会有空洞。约八分满。

如果手边有硅胶模,尽量使用硅胶模制作,取出时会更容易。

55 出炉后,放凉,连模具一起放进冷冻库,至底部熔化的焦糖凝固即可取出。

动手做温暖又美味的面包

 丹麦焦糖蔓越莓

1

更换不同的果干试试

除了蔓越莓，还可以更换成任何想要的果干，我试过好多种水果，不建议用橘子皮或柠檬皮，烤起来会非常坚韧，但若将表层的绿果皮（或黄果皮）刮进材料里，则是一个好办法。

阿洗师傅带你品面包

2

烤出底部焦糖香

做这款面包几乎不会失败，唯一的可能便是底部的焦糖，烤太浅少了香味，烤太深会带出苦味。通过一次次的尝试，调整好烤温，即可烤出薄脆如玻璃的焦糖香。

3

做出自己的形状来

研发此产品时,手上刚好有这款模子,便做出了如此的形状,在家试做时,可使用手边任何方便的模具,做任意形状。不过圆形的较好脱模,以好脱模为首选。

4

偷偷说,吃冰的也很好

为方便脱模,烤后放凉后,建议拿到冷冻库里,等到底部焦糖冷冻凝固后即可方便取出产品了。除了可以把面包回温后再食,冰冰地吃也很美味!像我自己就很爱吃冰的。

动手做温暖又美味的面包

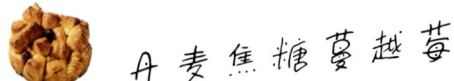 丹麦焦糖蔓越莓

日常食
DAILY

阿沈的风味搭配学

1 烤鸭胸

在西方的饮食文化里,烤鸭胸经常会沾着柳橙或莓果类的酱料一起品尝,再加上丹麦焦糖蔓越莓的果干焦脆感,刚好适合。

2 红酒炖牛肉

记得小时候吃夜市牛排,牛排旁边都会放上一个酸酸甜甜的地瓜或红萝卜,让大家可以转换味蕾,休息一下。把丹麦焦糖蔓越莓想象成是牛排旁的酸甜蔬菜,搭配着红酒炖牛肉,也会有味蕾被转换之感。

3 肉桂卡布奇诺

除了可以在奶泡上撒肉桂粉外,也可以把肉桂粉先放杯底,再倒入浓缩咖啡,如此肉桂风味会跟咖啡更融合。不过坊间的卡布多会把肉桂粉撒在奶泡上,可以跟店家要求或自己来做。淡淡的肉桂风味和丹麦焦糖蔓越莓很搭。

4 想要喝一杯吗? 来杯热可可

丹麦焦糖蔓越莓的风味会被热可可的油脂包覆,让味道余韵不会因为饮品而很快地消逝,我喜欢面包余韵待在嘴里的感觉。如果搭甜可可很好,选用有酸味的更佳。

Let's make a bread

来杯热可可!

鲜奶核桃面包

这款面包的材料就是要用力地给它加下去，放好放满，让每一口都能吃得到核桃粒与牛奶香。

鲜奶核桃面包

怎么办，没有什么神奇的故事，它就是一款朴实无华的基本款面包，却为堂本面包店挹注了很大的业绩。

这是十几年前，义华食品行的魏茂祥师傅教我做的，当时一吃便觉得很适合台湾人的味蕾，做法简单又美味。十多年来，我没有更动过配方，只是随着时间的演进，选用更好的材料，当材料改变了，面包吃起来的精致感与饱满度也会跟着变化。但这不是我的功劳，而是受惠于身边面包产业整体的提升，从合成黄油、天然黄油、发酵黄油到AOC（原产地命名控制）认证黄油，还有面粉、糖、巧克力等各种的原物料，材料商都提供了更优质和多元的选择及知识传递。即使面包的形态不变，原料却可以越换越好，消费者自然可以吃得更安心。

我一直很关注食材品质提升的议题，也跟材料商保持着良好关系，成本从来不是第一考量，记得我有次去间知名餐厅用餐，主厨讲到甜点时，特别说起他们都用很好的原料，使用法芙娜巧克力，我忍不住在心里嘀咕了一下："作为一个客单价1500元[①]左右的餐厅，甜点用法芙娜巧克力不是应该的吗？为什么要特别提出来说。"我的面包不到100元[①]，用的也是这款巧克力。

编者注：
①这里指的是新台币，1元新台币约可兑换人民币0.23元。

我常开玩笑说自己是败家子，用好食材的观念已经深植我心，除非"吃不出来"，不然只要风味有差异，我很难因为预算而舍弃不用。鲜奶核桃面包在魏师傅教我的时候已经非常美味，我随着时代改变而提升原料；后来发现不少老客人吃蛋会过敏，就把鸡蛋拿掉，补入更多的牛奶，让它奶香味更浓郁。

整个配方没有加入一滴水，全以牛奶完成，部分糖替换成海藻糖后，保湿性更好，阿公阿嬷都很喜欢。浓浓的奶香味会让大家觉得很营养；核桃被咬到后，与牛奶碰撞出来的香气，非常适合一款日常面包。

有些面包可以很花哨、奇幻，但这款面包就是无敌日常产品的代表。选用好食材是应该的，没什么好称道，但要说有什么值得分享，便是它的造型了！面团后发酵前的垂直剪四刀、水平剪四刀，让面包呈现酢浆草的模样，这是我在日本学习到的，那时觉得样子很可爱，便用在鲜奶核桃面包上。

希望你也会喜欢这款酢浆草形状的面包，它一点也不传奇或新颖，而是极度地日常，却见证了我身边的面包产业的整体提升。不过一直说它平凡也不好，那就说它是一颗有内涵的面包吧。

鲜奶核桃面包

搅拌面团

制作份量	4个，165g／个
发酵完尺寸	直径 12cm
出炉尺寸	直径 13.5cm

材料

A	烘焙百分比	重量(g)
高筋面粉	100%	302
奶粉	2%	6
糖	12%	36
盐	1.6%	5
海藻糖	6%	18
牛奶	66%	199
法国老面	10%	30
（做法见P19）		
黄油	8%	24
B		
鲜酵母	2%	6
核桃	22%	66
总和	**229.6%**	**692**

1
把所有材料 A 放入钢盆中。

> **Point**
> 海藻糖是为了让产品的保湿度更好，实验起来发现 "6%" 是最适合的分量。

2
在搅拌机中搅拌到面团可离缸。此时可测量面团温度。

3
面团温度在 24℃~25℃ 时可加入酵母。（若此时面团温度太高，可取出摊平，放冷藏室降温。）

> 若使用干酵母可先用三倍的水溶解调开。在这个配方中用的是鲜酵母，直接使用即可。

做法

4
继续搅拌，至面团拿起来对折后表面显得光滑，即代表产生筋性。

5
加入核桃，让核桃与面团混合均匀。

6
面团离缸，用手将面团对折再对折，折到核桃均匀混入面团中。

> **Point**
> 发酵时间短，材料味浓；发酵时间久，发酵味越重。建议面团发酵增大不要超过2倍，那样会太酸（因为这款材料中有牛奶），且会影响后面的发酵能力。

发酵

7
取一小块面团放进量杯，等待发酵；其余面团收圆、盖布发酵。以这个方法，看量杯刻度即可方便确认已发酵至增大0.5~2倍。

分割面团

8
将面团均等分成4个，约165克一个。

> **Point**
> 分割时要保持面团表面的光滑完整性，如果有不完整的小面团，要包覆到大面团下。面团表面光滑完整，就可以维持、包裹住发酵后产生的二氧化碳。

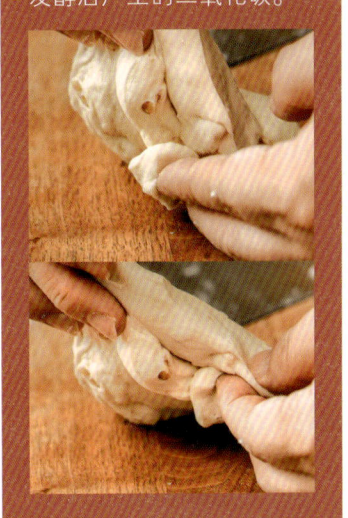

动手做温暖又美味的面包

鲜奶核桃面包

9 将分割完的面团滚圆,可排气并唤醒酵母。

10 进行中间发酵,松弛15~25分钟。

剪出造型

11 将面团滚圆,注意将面团底部捏紧再收合。

在下一步骤剪时才不易松开,也会比较立体。

12 于面团四周对称位置各剪一刀,形成形状像酢浆草;垂直剪四刀后,水平再剪四刀。

Let's make a bread

做法

13
剪了水平四刀后,面包看起来会比较立体。

这里使用的纸板模型,记录的是堂本经过一次次试验后得到的理想尺寸;每个人都可通过自己的制作经验,找出最喜欢的口感和对应的后发酵面团尺寸,并用纸模记下尺寸,在往后的面包制作中,纸模即可作为标准使用。

后发酵

14
面团静置于烤盘上,发酵到手指按压后不会弹起的程度,或到纸板记录的想要的尺寸,后发酵约需20分钟,可盖塑料膜或布保湿。

15
以上火180℃、下火150℃烘烤约15分钟,取出后静置冷却即可。

动手做温暖又美味的面包

鲜奶核桃面包

阿洗师傅带你品面包

1 不要有明显的酸味

有的话就是发酵过度。牛奶多的面团加上微微的发酵酸会容易让人觉得不美味。这款面包的酵母放得比较多,就是希望能在短时间内发酵完成。若有明显的酸味,可以让基本发酵时间再短一点。

2 切面扎实,没有大气孔

如果有大气孔就意味着整形不良,气没有排出来。发酵时间短,切面咬起来会比较扎实;不过因为整个面团都是用牛奶下去打的,不会过硬,带着很好的柔软度。

Let's make a bread

3 记得要烤熟

判断这款面团有没有烤熟,最好的方式是看它吃完是否会粘牙,轻压面包后会不会回弹(有回弹表示烤熟)。因面团里糖与奶油有一定的比例,面团本身偏软。我自己是喜欢烤色深一点的,吃表皮的焦香。

4 品尝牛奶跟核桃香

面包的发酵时间短,主要品尝食材的风味。牛奶跟核桃的比例很足,在嘴巴咀嚼时,会一直散发出奶香。软欧面团即使在室温下久放也不会变硬。

鲜奶核桃面包

日常食
DAILY

阿沈的风味搭配学

1 切片烤过，搭杯黑咖啡

切片烘烤过后会有很浓郁的奶香，很适合当成早餐面包。既然是早餐，怎么可以不搭咖啡呢？不建议选择富果酸味的单品咖啡，坚果风味的黑咖啡与拿铁、卡布奇诺都是好选择。

2 米浆与客家擂茶都很可以

这款面包很适合搭配烘烤过后的谷物饮品。米浆内有烤过的花生香，客家擂茶内则有多种谷物，两者的坚果味与浓稠感，和鲜奶核桃面包的厚实度与调性都能完美搭配。

3 冰牛奶 + 早餐燕麦片

面包烤过切片后，浓浓的迷人奶味散出，配着撒上早餐燕麦片的冰牛奶一起品尝，营养与饱足都满点。

4 想要喝一杯清爽的吗？来杯苹果汁吧！

前面讲的都是口感稍微厚实的风味饮品，想要来点清爽感，那就来试试苹果汁吧！苹果和牛奶在味道的组合上可以成立，两者会往彼此靠拢，苹果浓郁些，牛奶清爽些，替这款面包增加一点轻盈花果香。

搭杯坚果风味
黑咖啡!

9. 法国白葡萄面包

这是我对天然酵母风味追求的起点，
也是我们店内自养酵母"小白"的扛鼎之作。

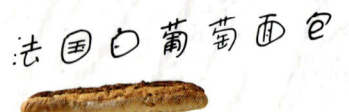

法国白葡萄面包

"好的东西从失败、普通到被人喜欢，从来不是一次跃进而成，而是通过慢慢感受生成。知道一切是怎么来，便永远不会忘记。"

十几年前，台湾烘焙界多还在使用商业酵母时，我在东京涩谷第一次品尝到甲田干夫[①]师傅的天然酵母面包，一吃便爱上。那时我已在堂本店里使用天然酵母，原以为自己做得很好，去到日本才发现只是人家的皮毛：那时的我眼界不够，坐井观天，把味道处理得单薄；相反地，甲田干夫师傅的面包风味厚实，还带有不同层次的酸味与小麦香。我好纳闷，明明配方大同小异，为什么做出来会有这么大的差异？

后来发现，这很像骑脚踏车，练习得越多，骑得越稳；也像我常玩的音响，当调整、注意的细节更多，声音的质地与立体感就更好。

甲田干夫师傅的长棍与吐司，有天然酵母、白葡萄干两种不同层次的酸，还有浓郁的面粉麦香。我便想着，有天我也要做出一款简单又饶富韵味的面包来！

回国后便不断尝试，做得不好就改变变因，每次都只修正一点点，去记录差异性，有时温度调个一两度，比例差个几克，多加点核桃，少放点葡萄干，慢慢微调，仔细感受成品变化。好的东西从失败、普通到被人喜欢，从来不是一次跃进而成，而是通过慢慢感受生成。知道一切是怎么来，便永远不会忘记。

经过不断尝试，堂本版的法国白葡萄面包终于问世！我用法国老面与白葡萄干呈现两种不同层次的酸味，并添入少量的蜂蜜，做酸甜比之间的平衡。又因为受到甲田干夫师傅的启发，我用长一点的时间进行基本发酵，特别将面团发酵到胀大1.5倍，让整颗面包产生力道感，我希望客人吃得到发酵的味道，而不仅仅是特色食材的味道。

就像之前说的骑脚踏车，把一件事做好的秘诀便是：忘记时间。当你忘情地追求一个目标，不断练习，有天会发现自己怎么可以骑得又快又稳，直到你还能放手骑吹口哨时，风格与自信便养成。

之后我还陆续推出了其他热门品项，不管是蜂蜜蛋糕、马卡龙、吐司、贝果……我都是带着这份不怕尝试、没有包袱、就是要把好吃味道做出来的傻劲，逐一地推出。

时光荏苒，法国白葡萄面包里头的自养酵母"小白"跟了我十多年，养出了我喜欢的风味与熟悉感。现在的堂本，大部分面包都有加入小白增添面团的发酵深度。

这是我想给予大家的堂本流，也是我和老客人间的风味默契。

编者注：
①甲田干夫师傅为东京涩谷天然酵母面包老铺"Levain"店主，为日本追求天然酵母面包技艺、极度热爱自然的烘焙大师，其作品深受不少老饕喜爱，本人却低调质朴，保持初心。

法国白葡萄面包

制作份量	2条，300g/条
发酵完尺寸	长38cm×宽5cm
出炉尺寸	长38cm×宽6cm

材料

A

	烘焙百分比	重量(g)
T65面粉	96%	228
裸麦粉	4%	9
胚芽粉	4%	9
全麦老面	36%	85
（做法见P19）		
自家培养酵母	10%	24
（做法见P20）		
盐	2.4%	6
蜂蜜	6%	14
水	60%	142

B

鲜酵母	3%	7

C

核桃	16%	38
白葡萄干	28%	66

总和	**265.4%**	**628**

搅拌面团

1
材料A置于搅拌缸中。

2
放入面包机中搅拌至光滑，测温为22℃~23℃。

Point
- 如果此时面团温度高于25℃，可取出摊平，放冷冻室降温至22℃~23℃。
- 面团折不出亮面就表示还没搅拌好。

NG

Let's make a bread

做法

3 继续加入鲜酵母与材料C混合均匀。

4 取出面团,因材料中有裸麦粉面团会稍微粘手,但只要可折出光滑面即为搅拌完成。面团终温25℃。

静置发酵

5 静置,基本发酵。

6 至增大1倍。

> **Point**
> 观察发酵状态时,也可取一点面团放在量杯里,待量杯里的面团长大到增大1倍的程度时,面团即发酵完成。

分割整形

7 分割面团成300克每个,静置松弛15~20分钟。

法国白葡萄面包

8 轻压排气。

10 再由下方往上折1/3。

Point
轻拍时,只要让面团空气排出,不要过于用力将面团压扁。

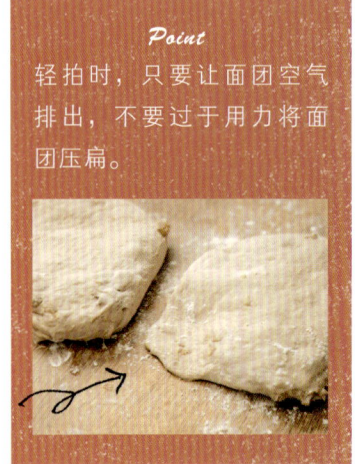

NG

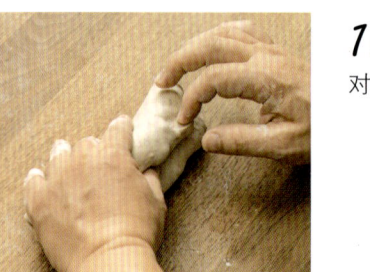

11 对折。

9 翻过来让平整光滑面朝下,从上方往中间折1/3。

12 以掌心按压接合处使其密合。

13 滚成长条状(约20厘米长,具体可依个人喜好)。

做法

14
把面团摆入烤盘，从中间划开一刀。

二次发酵、烘烤

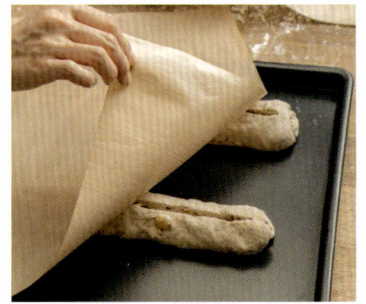

15
盖上烘焙纸保湿，进行第二次发酵。

16
最后发酵至增大约0.8倍（约需30~50分钟）后，撒上手粉。

17
进烤箱，用上火220℃、下火200℃烘烤约18分钟即完成。

阿沈小提醒

影响风味的关键

面团第一次的发酵（步骤6）是影响风味的关键，想试试不同风味的白葡萄面包吗？可以这次让它发酵到大1倍，下次试试1.2倍，再来实验1.5倍，发酵的时间越长，酸味与厚实感会越重。

若发酵到大1.5倍感觉酸味太强时，则可减少发酵时间，通过不断地实践与观察，慢慢找出喜欢的味道。而发酵，也正是面包风味里最迷人的事。

我喜欢强烈一点的酸味，通常会发酵到大1.5倍，你也可以试试喔。

动手做温暖又美味的面包

法国白葡萄面包

阿洸师傅带你品面包

1 气孔分布均匀

看一个面包发酵得好不好要看它的切面组织,中间的气孔有没有分布均匀,是否保留住了足够的二氧化碳让面包口感蓬松柔软;而非像馒头一样地扎实。

2 不放改良剂,隔天仍有很好的保湿性

做这款杂粮欧包最难的部分是,因为材料里没有黄油,在不放改良剂的状态下,淀粉容易老化,风味会变差;但我在配方里放入了高比例的全麦老面与自家培养酵母,面包隔天都还可以保有很好的湿润与风味。

3 品发酵麦香

除了有发酵带来的酸味，这款面包另一个风味重点是，以全麦面粉做法国老面，所以还会有很好的发酵麦香。

4 小白万岁！来试试自养酵母

小白本身很有效力，在材料的香气里可以找到自己的平衡，不抢戏，却是很幽微的存在。每个人都可以试着养自己的天然酵母，家中环境不同，菌相不同，面包风味自然有差异。

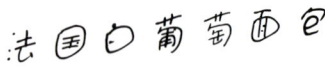

法国白葡萄面包

日常食
DAILY

阿沈的风味搭配学

1 当三明治面包，夹味道浓郁的馅料

这款面包有丰沛的酸味——发酵酸与白葡萄酸，除了单吃外，也很适合拿来当三明治面包，夹味道浓郁的馅料，比如鲔鱼、鹅肝、熏鸡肉等，配上有滋味的蔬菜，像芝麻菜，就会非常美味。

2 跟着蓝纹起司 Blue Cheese 一起享用

法国白葡萄面包属于酸种面包，有很重的发酵香，除了搭味道浓郁的馅料外，抹上丰厚味道的起司也非常适合。提到浓郁滋味，蓝纹起司当然不能放过；不过这款起司很挑人吃，所以你选自己喜欢的都可以，不过切记重点，选味道重一点的，如此更能与发酵酸、葡萄酸相得益彰。

3 邪恶吃法！抹黄油涂砂糖

切薄薄的一片，抹上黄油、撒上二砂（金砂糖），把面包烤得脆脆的，吃来香脆酸甜，非常迷人，绝对让你想要立马再吃一片。

4 想喝杯咖啡吗？选杯中南美洲带坚果的风味

面包本身的酸质很够，不用再搭配如埃塞俄比亚、肯尼亚等带果酸的咖啡，此时选用中南美洲富坚果味，甚至是印尼带点草本味的咖啡都很不错，给味蕾新的感觉。

10.

无花果面包

如何让欧式面包走入华人的日常味觉？
加点我们爱吃的蜜饯吧！

无花果面包

"这无关正统与否,我就是想要偷渡欧包到大家的日常生活里,让裸麦面包能融入果干、果酱、果汁、香料,整体丰沛饱满,买回去不用再另外抹黄油或与其他的材料搭配,吃来就能有滋有味。"

2010年前,欧包在国内还不流行,我们的饮食习惯不像西方人,会在面包上涂抹黄油、果酱,或佐搭酸黄瓜、芥末酱等配料。国人习惯吃夹馅软面包,一颗面包就要拥有饱满完整的风味,欧包对当时的国人来说,太硬太原味。

不过,我是个假洋鬼子,一直都很喜欢尝试新事物,2003年第一次在日本吃到Levain面包店由甲田干夫师傅做的欧包,便让我心动不已,真切感受到天然酵母的迷人发酵味,也是因为吃到Levain的面包,我开始更努力地钻研自养酵母这条路,催生出堂本的当家酵母"小白",并制作出法国白葡萄面包。

直到现在,甲田干夫师傅都还是我努力追寻的方向。回到当时国内的时空背景,市场上少有欧包,我便想着,该如何做出好吃的欧包,让它走入周围人的生活日常?灵机一动,想起了蜜饯。

台湾人爱蜜饯,尤其到台南老街走一趟就会发现,台南是个对吃讲究的城市,老街内有多间蜜饯专卖店。我顺着此逻辑,想到欧洲的糖渍水果,糖渍水果的酸甜感和台湾蜜饯异曲同工。但水果这么多,要挑哪一种?

Let's make a bread

无花果在当时的台湾很少见，我对它的印象是2003年在一间法国餐厅里，主厨用了无花果、柳橙与红酒做了一款鸭胸，我当下一吃，便觉得无花果跟柳橙的搭配超级无敌，于是把这个组合给记了下来。

有一年到日本，在米其林三星主厨阿兰·杜卡斯（Alain Ducasse）的餐厅里，吃到夹着鸭肝与沙拉的无花果裸麦三明治，惊艳于无花果配上酸面包、芝麻菜、鸭肝的风味实在太好，这刚好是我离日前的最后一餐，为那趟日本行画下了完美句点。

我结合生活里的饮食经验，在面包里用了无花果，也放入了红酒跟柳橙，柳橙的酸上扬，我想要一点沉的酸味，便放入蔓越莓干，又想增加点醇厚感，便添了点葡萄干，之后觉得还需要一些香料隐味，便再放入黑胡椒跟肉桂粉。

我笑着跟同事说，这无关正统与否，我就是想要偷渡欧包到大家的日常生活里，让裸麦面包能融入果干、果酱、果汁、香料，整体丰沛饱满，买回去不用再另外抹黄油或与其他的材料搭配，吃来就能有滋有味。

结果这款面包推出后，好多人都跟我说，原来欧包可以这么好吃！

时代变迁，国人多已经能够接受欧包了，对于这款2009年研发的配方，某天朋友问我："现在的你，如果要再重新设计一次这款面包，觉得还可以怎么提升？"我说："我会把所有的味道都煮进无花果酱里，让你吃得到却什么都看不到。"

堂本版的无花果面包已经陪着大家十多年，我不会随意更动配方，但欢迎你也来试试自己的版本。

无花果面包

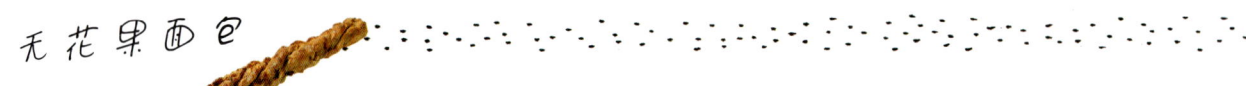

制作份量	5条；125g／条
发酵完尺寸	长28cm×宽3.5cm
出炉尺寸	长28cm×宽4cm

材料 A	烘焙百分比	重量(g)
T65面粉	76%	166
裸麦粉	24%	52
麦芽精	0.4%	1
橘子皮泥*	2%	4
全麦老面（做法见P19）	44%	96
自家培养酵母（做法见P20）	10%	22
盐	2%	4
水	60%	131
B		
鲜酵母	2%	4
C		
无花果酱*	28%	61
核桃	30%	65
葡萄干	6%	13
蔓越莓干	16%	35
总和	**300.4%**	**654**

橘子皮泥*

食材	重量(g)
市售橘子皮	100
柳橙汁	10
柠檬汁	1
黑胡椒	1茶匙

制作橘子皮泥

将所有材料拌匀，煮至收干。
稍微放凉，放入调理机打碎成泥状即可。

无花果酱*

食材	重量(g)
无花果干	48
细砂糖	2
肉桂粉	1
柠檬汁	2
红酒	20

制作无花果酱

无花果干切碎，加入其他材料，以大火煮至收干即可。

做法

搅拌面团

1 材料A混合拌匀。

此时因为还没下果干,面团感觉干燥是正常的。

有加裸麦的面团会比较粗糙,此时面团仍未完成,需要继续搅打。

2 加入鲜酵母。

加入酵母时,面团温度为完成终温减2度(22℃)。

3 搅拌至表面成光滑状。

Point

面团在缸里不容易观察,可将其取出,整成圆球状看表面,表面呈现光滑,即代表完成。

4 加入材料C慢速搅拌,混合均匀。

无花果面包

各种面团的终温

（详细请见P12）

面包种类	面团终温
无油无糖的欧式面包	22℃~24℃
甜面包	24℃~26℃
吐司	26℃~27℃
多数面包适用	24℃~25℃

5
面团里料多，搅打时容易散开，要多点耐心。

6
以中慢速打至面团不粘手、可离缸即可。

7
面团终温为24℃。

Point
如果不小心面团温度降得太低，发酵的时间就要更长。

做法

> **Point**
> 在欧洲制作面包时,常会进行少量的搅拌与更多的翻面,靠静置和翻面来产生筋度。

发酵

8 盖布,让面团基本发酵至增大1倍,视室温状况,需约50~60分钟。

9 将面团压平排气、翻面(先往上折三分之一,再往下折三分之一)。

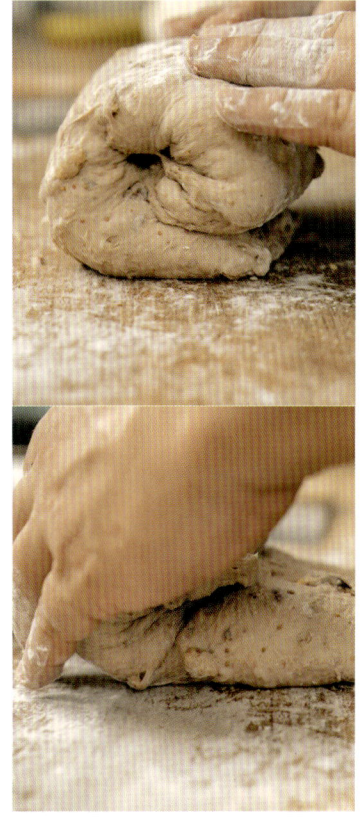

10 轻轻卷起来。

11 继续发酵30分钟,再膨胀增大0.5~0.7倍。

> 翻面做法请参考P17。面团翻面是为了获得喜好的风味,可依照个人偏好,省略此过程。

动手做温暖又美味的面包

无花果面包

分割、整形

12 分割成125克一个,稍微整形为长条状。

> 无油糖面包不要折太多次。

13 盖上。中间发酵松弛30分钟。

14 轻压排气。

15 翻过来让平整光滑面朝下,从上方往中间折三分之一。

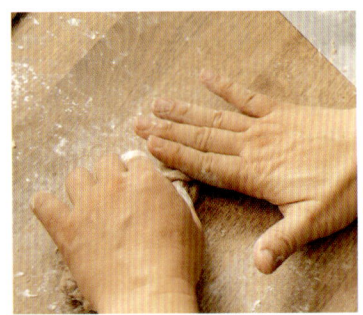

16 再由上方往下折1/3。

17 按压接合处使其密合,滚成长条状(长度依喜好,约20厘米)。

18 压扁。

19 左右边反向滚卷,一边往上滚,一边往下滚。

Let's make a bread

做法

20 压平定型。

21 放至烤盘上,撒粉。

后发酵、烘烤

22 盖布静置。

23 中间发酵松弛30分钟。

Point
发酵松弛至压下去稍微有指印,不会弹起。

24 表面撒粉。

25 以上火220℃、下火200℃烘烤约18分钟。

动手做温暖又美味的面包

无花果面包

阿沈师傅带你品面包

1 试试不同形状

面包做成相异的形状尺寸，整体风味口感会不同，堂本有两种形状的无花果面包，一种是如食谱般的细长型，一种是传统欧包的扁圆型。长型表皮多，可以吃到较多表皮香，扁圆型则可吃到较多的面包芯，虽然都是同一种面团，表皮跟芯的味道不同。做扁圆型时，只要在分割时，改为300克一个，整形成扁圆欧包样，后发即可。

2 喜欢外层脆皮吗？ 通过烘烤时间调整皮的厚度

长型的无花果面包带有较多的脆表皮，若想多吃一点皮的味道，可以把温度降低烤久一点（反之亦然），通过烘烤时间的调整，改变皮的厚度。

Let's make a bread

3

脆口却不会坏牙的表皮

面团搅拌时有加入无花果酱，果酱里的糖分会渗入面团里，于是比起一般无糖面团的欧包，这款面包的表皮较柔软，咬起来好入口。

4

面团内有果干，组织不会像传统欧包有大孔洞

这跟面团的酸碱值有关，糖分会改变发酵状态，让面团变得密实，面包口感扎实有咬劲，简单回烤一下，皮脆中心软，酸甜香都有了。

 无花果面包

 日 常 食 DAILY

阿沈的风味搭配学

1 煎鸭肝

法国餐厅里常会有无花果配煎鸭肝的组合，煎鸭肝是红酒无花果的超级好伙伴。这款面包除了单吃之外，也可以搭着鸭肝一起；若做的尺寸是扁圆形版本，夹在里头一起享用也很好。

2 蓝纹起司或软质的卡门贝尔起司

蜜饯果干感本就很适合搭配起司，无花果面包风味厚重，建议搭配重一点的如蓝纹起司，会很有亮点。软质的卡门贝尔起司内有水果风味，跟面包里的香料、无花果、柳橙也都可以完美调和。

3 西班牙水果红酒桑格利亚

西班牙红酒桑格利亚（Sangria）里有缤纷的水果风味，很多都是这款面包里有的味道，冰冰凉凉地搭配饮用，有如吹着微风，既饱满又轻盈。

4 想喝一杯吗？气泡感的饮料都适合

气泡感饮品常让人有种欢乐感。这款面包的组成也很热闹，无论与气泡酒、气泡水，甚至与Sangria兑气泡水搭配着吃，心情都会很好。

煎鸭肝好伙伴！

11.
西班牙橄榄面包

我把面包与杂炊,
整颗面包就是一道滋味饱满的菜肴。

西班牙橄榄面包

这不只是一颗面包，而是一个套餐。

十几年前，我曾到台北的Forchetta叉子餐厅用餐（后来这间餐厅移师台中，并获得米其林一星殊荣），当时即对它的前菜面包——西班牙农夫面包印象深刻。

那是一个发酵得很好的酸种面包，搭着清爽的番茄酱与大蒜美乃滋享用，整个概念的创想来自于传统西班牙农夫下田时会带着面包充饥，往往到肚子饿的时候面包已经变得又干又硬，农夫便随手摘取新鲜熟透的番茄，将甜美汁液涂抹于面包上。Forchetta的主厨马克斯转化此一概念，让酸面包跟新鲜的番茄酱、大蒜美乃滋在口中交织成鲜明的酸甜香，非常美味。

Forchetta以西班牙农夫面包作为前菜面包，表现得极好，十几年前不少老饕都为了品尝这款面包而专程前往。身为面包师傅的我，在吃得心满意足之余，也一边思考着，若它不是一款前菜，前后没有搭配的食物，单独存在可以如何表现、优化？

"我想用面包直接做出一个套餐。"我在心里想着。

刚开始我把佛卡夏抹上整颗大蒜，放上切半的番茄，让新鲜汁液流入面包里，但怎么吃都觉得不饱满。由于高中毕业后，我曾在中餐厅工作过2个月，加上平常偶尔会烹调，有基本的中菜经验，便试着想象,如果面包是碗香料饭,我会想要配上什么菜?

我把德国香肠切丁,进热油锅炒出油脂香气,再撒上黑胡椒、迷迭香继续炒香,发现光这道黑胡椒香肠丁就可以让我配上好几碗白饭。就这样炒了一两个礼拜,炒到家里餐桌每天都有这道菜时,终于让我找到了最适合此款面包的味道比例,再把它们拌入加了黑橄榄与番茄泥的面团里。

如此烤出来的面包已经香气十足,但我心里还是觉得少一个味,既然希望它给人有吃套餐的满足感,口感应该要更丰沛饱满才是?我把问题放心里,时时思考着,直到某天灵光一现想到堂本的大蒜奶油面包抹酱,便试着把它一起放入面团里发酵——锵锵!出炉了符合期待的面包风味。

味道是层层堆叠上去的,为了增加鲜明感,最后我还把烤好的面包剖半,抹上大蒜美乃滋,再撒点意大利综合香料,终于完成。

如果把面包当成一碗白饭,西班牙橄榄面包便是配料丰富的杂炊;若把它当成体验,它是我想把整个套餐放在一颗面包上的尝试,希望你会喜欢。

对了,食谱里有堂本的经典抹酱——巴西利蒜味奶油的配方与做法,新鲜的巴西利配上高粱酒会有很好的尾韵,一小瓶盖就好,隐而不显最迷人。

西班牙橄榄面包

制作份量	5个，100g/个
发酵完尺寸	长18cm×宽6cm
出炉尺寸	长19cm×宽7.5cm

材料

A

	烘焙百分比	重量(g)
高筋面粉	100%	237
番茄泥	10%	24
法国老面	10%	24
（做法见P19）		
糖	4%	10
盐	0.8%	2
水	64%	152
巴西利奶油①	10%	24
鲜酵母	3%	7

B

香肠丁*	14%	33
黑橄榄	6%	14
总和	221.8%	527

巴西利奶油①

食材	重量(g)
巴西利	35
蒜泥	72
黄油（先置于室温软化至可搅拌之程度）	150
盐	3
糖粉	4
高粱酒（米酒也可）	适量

制作巴西利奶油

新鲜巴西利洗净后晾干，放入调理机打碎，加入其他材料拌匀即可。

> **Point**
> - 冷冻可存放半年，冷藏一个月。
> - 加酒会有尾韵，巴西利的味道配上高粱酒很不错。
> - 也可以用来抹大蒜面包，它就是堂本大蒜奶油面包的抹酱，是本店一款超过15年的经典酱料。

编者注：
①巴西利英文为parsley，在中国内地也常被称为欧芹。

香肠丁*

食材	重量(g)
德国香肠	50
干燥迷迭香	1
黑胡椒	2
蒜粉	5

制作香肠丁

香肠事先切丁，热油锅炒香香肠，接着加入其他材料炒香即可。

做法

搅拌面团

1 材料A混合（酵母除外），放入面包机，使用手动模式，搅拌成团至产生筋性。

Point
若想要更细致、更软的口感，打的时间可以加长。

3 此时面团温度到达25℃，就可下酵母，搅拌至酵母被吸收。

面包机升温更快，更适合采用后下酵母的方式。

面团表面不均匀，只能拉出粗糙的薄膜，就表示还没打好。

NG

4 接着下材料B（香肠丁、黑橄榄），与面团混合均匀即可。

香肠丁不能太早下，会被绞碎。想要维持口感，料要后下。

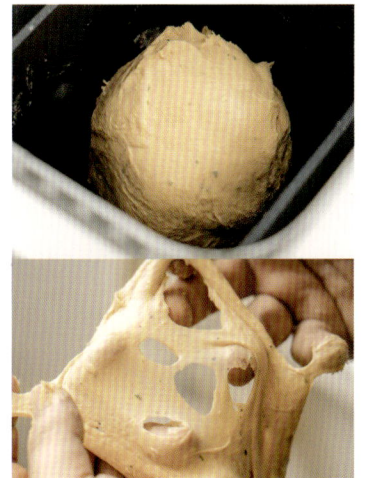

2 继续将面团打至表面光滑，能拉出破口呈锯齿状的半透明薄膜（八分筋）。

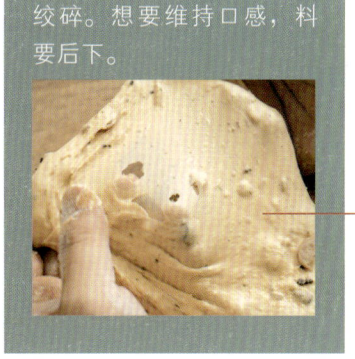

搅拌完成时面团可拉出薄膜状态。

动手做温暖又美味的面包

西班牙橄榄面包

发酵

5 取一小块面团放进量杯，以便观察发酵。其余面团收圆、盖布。面团发酵至大1倍。

以这个方法，看量杯刻度即可确认面团已发酵至大1倍。

— 后
— 前

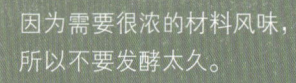

因为需要很浓的材料风味，所以不要发酵太久。

6 面团完成。

分割、滚圆松弛

7 将面团切成长条状。

8 分割成100克一颗，总共可分5颗。

9 滚动成圆球状。中间发酵松弛15~25分钟，至擀开不会回缩。

Let's make a bread

擀卷为棍型

10 轻擀压平，先往下擀，再往上。

14 两手除大拇指以外的四指，从剩下三分之一处往上推压，卷起呈棍子形。

11 将面团擀开成长方形，由下往上翻面。

15 表面刷全蛋液。

12 由上往下折，先折三分之一。

16 平均沾上乳酪（配方外），放置烤盘上。

13 再往内折三分之一。

Point

沾料＝帕玛森起司粉20g＋乳酪丝200g，切碎混合。

西班牙橄榄面包  做法

后发酵、烘烤

17
最后发酵约50分钟。

18
以上火200℃、下火230℃烘烤约11分钟。

19
烤好后在冷却架上放凉,从侧面剖开,剩1/5不切断。

20
抹上大蒜美乃滋,撒上意大利综合香料。

阿沈小提醒

既然是杂炊或套餐,是不是配料想换什么食材都可以?当然是!这个面包的设想,是一层层风味堆叠上去的过程,因此每个人都可以做出属于自己的西班牙橄榄面包。食谱仅是参照,建议你也可以想想看黑橄榄、番茄和什么食材能够搭配。这是一款很能玩味的面包。

Point

大蒜美乃滋 = 美乃滋350g + 蒜泥75g,拌匀。

阿沈师傅带你品面包

1 感受喜欢的风味组合

对于这款西班牙橄榄面包来说,面团就像一个载体,发酵的时间短,属于"直火快炒",吃的不是面包的发酵香,而是食材的搭配之味,品味的原则便是按自己喜欢,选择吃来满意的味道组合。

2 一定要烤熟

虽然风味很主观,没有一定的标准,但既然是面包,首要原则是一定要烤熟,烤熟的面包吃的时候不会粘牙,化口性好。

动手做温暖又美味的面包

 西班牙橄榄面包

干 日常食 干
　　 DAILY

阿沈的风味搭配学

 西班牙番茄冷汤

直接就能想到的搭配法，两者都有番茄、大蒜、辛香料，一个是喝的，一个是吃的。西班牙也是这款面包创意的起源地，传统的番茄冷汤本就会加上隔夜面包，一口面包一口汤，或者是像百年前的西班牙劳工般，直接把面包浸润在冷汤里食用。

 没有恶搞你，贡丸汤也很合理

这是从香料的线索而来，贡丸汤里的香菜或芹菜是桥接，让西班牙橄榄面包可以搭配上清爽的贡丸汤。超出预期的配法，在嘴巴里却不会打架。

黄金泡菜

客人教我的，某天他直接把黄金泡菜夹在西班牙橄榄面包中，让我吃了很惊喜，泡菜的酸甜感跟大蒜合纵连横，把风味的饱满度又提升了！可恶，我原以为自己的风味搭配已经很丰富，没想到还是被老客人找到突破点。后来我自己也常这样搭。

 想来杯饮料吗？啤酒、烧酎、煎茶、玄米茶都适合

既然这款面包是一个套餐，就用餐饮搭的思路来思考，想来点酒精的话，啤酒、烧酎都是好选择。觉得味道重想让口腔清爽点？煎茶、玄米茶等日系茶饮也适合。有可能搭咖啡吗？有的单品咖啡会带有香料感或干番茄味道，也可以试试。

Let's make a bread

搭配西班牙番茄冷汤!

12.

玉米毛豆洛代夫

洛代夫的高含水量面团很考验面包师傅的技术，但也是大家都想追寻的一个目标。

 玉米毛豆洛代夫

**我们常对未知恐惧，
但如果把自己归零，就没有什么好害怕了。**

洛代夫面包（lodeva）起源于南法的洛代夫小镇，它的组成很简单——面粉、水、盐巴、酵母与鲁邦种，高含水量与双重发酵的特性，让它独树一帜，烤过之后整个面包体会变得很轻盈，切面会留下较大的气孔，可以充分表现原料与发酵的风味；也适合当作载体，甜咸皆可，装盛喜欢的食材。

连续两年的"野·台·系"①（联结各领域的料理人，推广当地食材、饮食文化的餐酒会），我都通过洛代夫面包传递来自台湾土地的滋味。第一年以芦笋汁取代食谱里一半的水分，做出芦笋洛代夫，第二年则用台湾的马铃薯当主角，后来也曾做过草仔粿口味。这里示范的是生活里常见的食材组合——玉米与毛豆，以此抛砖引玉，洛代夫面团对食材的包容度很高，每个人都可以用副材料2：面团10的大致比例，做出想要的风味。

制作洛代夫面包须特别留意的秘诀，要先加入烘焙比66%的水

分，把面团打出六七分筋度，静置一小时待水合作用与发酵后，再慢慢把剩余的20%烘焙比水分加进去，最后面团会呈现湿黏瘫软的样子，跟一般打好的面团的蓬软状完全不同。也因为湿软、无法细整形，面团仅用刮刀分割后即进行后发酵，颠覆许多做面包的手法与原则。

这样的高水量湿软面团，从搅拌到分割翻面的制作过程会让许多面包师傅望而却步。但我神奇地发现，叫店里刚学面包的小师傅们做常一次就成功，他们没有既定的观念，就是照着指示耐心制作；而就算是我，也都曾因惯性而失败了好几次。

洛代夫面包是我这几年很喜欢的面包类型，它既满足了面包师傅对于发酵与技术的追求，也让整个欧包的质地在不用副材料的情况下就变得柔软。目前它只有在野·台·系的餐会上公开亮相过，堂本面包店则是打游击战式地偶尔推出，非常设性商品。之后我还想做蜜红豆口味，或者是用芭乐干加上辣椒粉跟梅子粉，将洛代夫面团结合更多有趣的当地风味。

一切都还在实验中，常常还是一着急就失败，不过成功与否都是自己告诉自己的，没有放弃继续做就对了。

编者注：
① "野·台·系"是由台湾餐饮界一群来自不同领域的职业人——厨师、面包师、侍酒师、咖啡师、调酒师、餐具设计师、甜点师等自主组成的团体，期望以各自的专业穿针引线，结合台湾当地元素，量身打造"在地飨宴"。一期一会，于每年年底举办餐酒宴，曾于2017年、2018年、2019年分别举办过三次野·台·系飨宴（2020年因新冠疫情停办）。

玉米毛豆洛代夫

制作份量	6个（面团摊平，平均切），130g／个
发酵完尺寸	10.5cm×10.5cm×4.5cm
出炉尺寸	10cm×10cm×5.5cm

材料

A	烘焙百分比	重量(g)
高筋面粉	100%	320
法国老面（做法见P19）	26%	83
盐	2%	6
水	66%	211
鲜酵母	2%	6
B		
水（后加水喷雾用）	20%	64
C		
剥好的毛豆	20%	64
玉米粒	20%	64
总和	256%	818

搅打面团

1 面粉、老面与盐放入面包机中。

2 加入材料A的水211克。

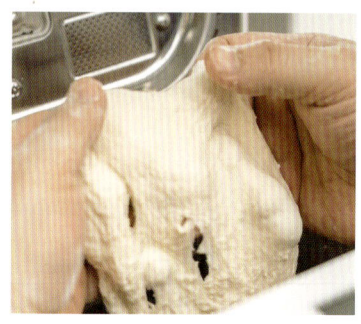

3 第一阶段搅打至拉开有粗糙的锯齿状。

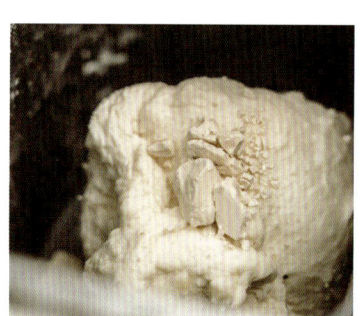

4 加入鲜酵母。

做法

5 搅拌至产生筋性。

6 取出,稍微揉捏,整成圆形。

冷藏静置

7 盖上保鲜膜。

8 冷藏静置一小时。

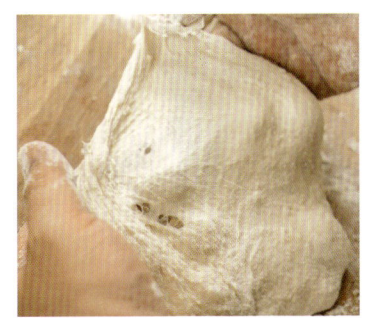

9 从冷藏室取出,水合作用已让水分和淀粉更加融合,并且提升风味与加强面筋强度。

10 面团从冷藏室取出后放入面包机中,一边搅拌面团,一边将材料 **B** 的水喷入。

Point
- 水温要配合面团温度(在常温水基础上调整)。
- 加水的秘诀:把水放在喷雾罐里,慢慢喷入面包机中,这样会更快被吸收。

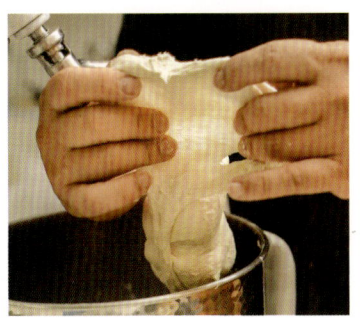

11 继续打至九分筋,面团拉开缺口带有小锯齿或面团可完全离缸即可。

动手做温暖又美味的面包

 玉米毛豆洛代夫

加入配料、发酵

12 加入毛豆跟玉米。

13 中速搅拌均匀,至离缸状态,面团温度22℃~24℃。

> 含水量比较高的面团,打到离缸就可以,不用太在意筋性。

14 简单整形,静置发酵一个半小时。

15 待发酵完成后,轻拍,把大气泡拍出。

翻面三次

16 翻面,由右往左折第一折。

17 由左往右折。

18 从上往下折1/3。

19 继续卷起。

做法

20 每30分钟如此翻面一次，共3次。

翻面并没有固定的手法（可参考P17），翻大约3至4次，每次间隔30分钟。

面团分割、后发酵

21 第3次翻面完30分钟后，轻拍面团，不要破坏气泡，轻拍成长方形。

22 以刮刀在面团上方轻压出分割线。

23 分割成6份。

24 放入烤盘，表面撒粉。

25 盖上塑料布或塑料袋，再发酵增大0.5倍，约半小时。

26 斜对角割一条线。

27 以上、下火200℃烤10分钟即可。

动手做温暖又美味的面包

 玉米毛豆洛代夫

阿洸师傅带你品面包

1 一定要烤熟

烤到手压面包边感觉带着弹性，底部用手指轻弹有空洞感（代表水分都被蒸散了），面包拿起来轻轻的，就是熟了（烤至中心温度98℃）。

2 孔洞的大小

洛代夫面包历经发酵及水分蒸散后，里面的结构会比较松软，切面会有大孔洞。但若烤出来没孔洞也不用紧张，不是世界末日，只要下次翻面稍微轻一点。不用觉得失败，多做即可。

3

吃起来化口性好，很轻盈

洛代夫的含水量高，整个面团烤完后水分蒸散会变得轻盈，烤熟后吃来化口性好，外脆内湿润。

4

带微酸与甘味

单纯的洛代夫面团，不用加任何副材料就会非常美味，面包本身带着发酵的微酸与甘味。也很建议先用面粉、水、盐、酵母来做原味版本，熟悉了以后再加入喜欢的风味材料。

 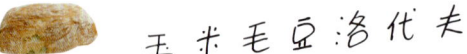 玉米毛豆洛代夫

日常食
DAILY

阿沈的风味搭配学

1 抹甜酒豆腐乳

若以华人的食物来比喻,洛代夫面团有点像松软且烤过的馒头,切开后抹上豆腐乳,会是个有趣的搭配。

2 与苦茶油、酱油膏沾着吃

取法西式油醋酱,以苦茶油3:酱油膏1的比例调匀,沾着洛代夫一起享用,增添面包的多层次风味。

3 搭配豆子汤/松露马铃薯豆子泥

根据我某次吃法国菜累积的经验,玉米毛豆风味的面包,沾着豆子汤或豆泥都很适合。

4 想喝一杯吗?红茶或柳橙汁都很好

如果没有用上风味浓厚的副材料,洛代夫面包的本体味道轻盈,不管红茶、咖啡、果汁都很适搭。

Let's make a bread

油泼辣子与费南雪竟然可以有关系？！
这款甜点展现了我的离经叛道。
通过黄油炸法，
让杏仁的焦糖风味更明显。

费南雪

13.

费南雪

"食谱只是参考,主要还是制作者可以从中看到什么,并加入想法。即使偶尔离经叛道也无妨,顶多做坏了几个面包甜点,但绝对可以累积很多经验,全是日后的宝藏。"

费南雪是很常见的法式甜点,大众对它的风味口感有一定的熟悉度,常不容易有惊喜,不过10年前我在东京的ECHIRE(艾许)奶油直营专卖店里吃到店内的费南雪时,惊艳无比,ECHIRE直营店里的费南雪独具一格,除了造型相同外,风味口感全和我多年饮食经验里品尝到的截然不同,让我突然意识到,如此成熟的商品,原来也可以玩出新风貌。

回国后我便卷起袖子来研究,但怎么做,都很难跳脱出原本的味道逻辑,老是在口感软硬、杏仁味的强弱、要不要加香草等思路徘徊,很难有像ECHIRE直营店里的大突破。

之后我索性开始脱离食谱,尝试各种合理、不合理的离奇做法。某次黄油还来不及放凉,我想到曾在电视里看过老师傅制作油泼辣子,通过高温将香料的风味萃取,既然我也想要有杏仁香,不如试试看吧!唰的一声,把热乎乎的黄油冲入杏仁粉里,结果……杏仁粉全烧焦了,整盆的惨剧。我不死心,想着是不是有方法可以冲出杏仁香又不至于烧焦,认真看着材料,想着糖粉可以吸收热能作为缓冲,便把一半的糖粉倒入杏仁粉里,再试一次,唰——杏仁烧焦的情况少了许多,而且香气十足。"咦,好像有点成功。"我鼓励着自己,并以找不到答案不死心的坚持,继续以不同的糖杏比与油温,唰唰唰地冲刷杏仁粉,我想,如果杏仁粉会说话,一定会大喊不要再这样"凌迟"它了。

在烧焦了许多杏仁粉后，终于成功，我看到杏仁粉也含泪微笑，觉得牺牲总算有价值了！我常觉得食谱只是参考，主要还是制作者可以从中看到什么，并加入想法。即使偶尔离经叛道也无妨，顶多做坏了几个面包甜点，但绝对可以累积很多经验，全是日后的宝藏。

我都跟身旁的同事说：日常生活的积累很重要，吃到喜欢的食物搭配，绝对要记录下来。从路边小吃到米其林餐厅都要尝试，每个都会有启发。在研发面包时，食谱只是参考，你可以有最大的空间做实验，但一旦成为常态性的商品，就请你尊重堂本SOP（编者注：标准作业流程）。

因为我是"全台湾最懒惰"的面包师傅，任何做法在成为堂本SOP之前，各种合理或离奇的方案我几乎都会尝试，多年的管理经验让我深知，少一个动作便少一份失误，所以请不要自作聪明地减少任何一个步骤，不影响风味的做法我一定都简化了，其他就请按部就班，切实执行。

研发出有意思的做法很让人欢喜，成功的那刻我一度以为自己是天才，但我当然深知，这是多年养成的结果。我还在配方里加入了一点蜂蜜。堂本的费南雪一共烤了两次，和坊间的做法与风味都截然不同。

取法油泼辣子，看似离经叛道，却有着很好的结果。谢谢那次东京行的品尝，给了我一个重新看待费南雪的机会，也让我做出了自己的版本。

 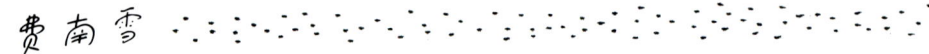

费南雪

制作份量	约20个
每个成品	4.2cm×9cm，34~36g

材料	重量(g)
杏仁粉	74
糖粉	162
黄油	263
蜂蜜	16
蛋白	168
T65面粉	100
总和	783

制作杏仁糖粉糊

1
糖粉先取1/3量，和杏仁粉混合备用。

2
黄油263克下锅加热。

Point
加热时黄油会起泡满起来，要赶快搅拌消泡，或是使用更大的锅加热。

Let's make a bread

做法

3
加热至黄油呈咖啡色,熄火。

4
趁热冲入步骤 *1* 杏仁糖粉中。

5
快速搅拌均匀。

用热油把杏仁粉的香气冲出来,就像是油泼辣子的概念。

6
加入剩余2/3的糖粉。

7
继续搅拌均匀,放凉。

Point

糖粉先后加入的比例、糖粉用量的多少,都会影响杏仁粉被黄油冲热后产生的香气。糖量少一些杏仁粉会比较香,可以自行调整量,但一定要先混入至少1/3糖粉,杏仁粉才不会烧焦。

  费南雪

完成面糊

8 将糊静置半小时降温。等待期间，用室温下软化好的黄油（配方外）刷费南雪烤盘，每个角落都要均匀抹上。

12 加入面粉。

9 在降温后的糊中加入蜂蜜。

13 混合后用力搅拌至看不到颗粒。

10 稍微混合。

倒入模具、烘烤

11 加入蛋白。

14 以汤匙将面糊放入刷过黄油的模具中，达九分满。

做法

15 将模具拿起在桌上轻敲,把空气敲出。

16 进烤箱,以上火220℃、下火190℃烤12~16分钟(依成品上色程度判断决定)。

约烤8分钟时(总烤时间约2/3时),将烤盘前后对调方向,再续烤4~6分钟。

冷却后再回烤

17 从烤箱取出,倒到冷却架上。

18 把费南雪摆正,冷却。

19 再放进预热后的烤箱,上、下火220℃,回烤5分钟,正面朝上避免变形。

冷却后再烤一次会让费南雪香气更足。

 费南雪

阿洗师傅带你品面包

1 烤色要够

要烤到稍微有咖啡色，香气才足。可慢慢调整每次的温度去感受变化，烤到最香的那一刻！只要不焦苦就好。

2 一定要烤熟

没烤熟会有明显的生粉味，外加粘牙感，香气也会不足。

练习看煮黄油的颜色

黄油加热到呈咖啡色后,即可立刻熄火冲入杏仁粉里,此时使用温度计会来不及,要多练习看煮黄油的颜色,记住咖啡色的视觉感,趁热冲下。

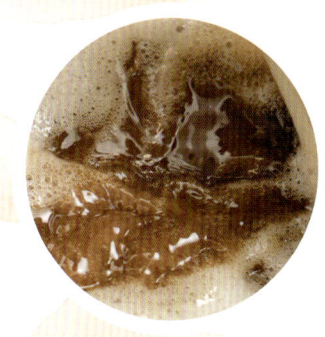

适度和空气接触带出表皮脆感

配方里的黄油多,烤起来不会太硬,跟空气适度接触风干后,表皮会脆脆的很迷人。不密封可保存2天,密封后表皮会变软,不过一样好吃,可保存10天。

 费南雪

日常食
DAILY

阿沈的风味搭配学

1 就想配热红茶

不知道为什么,吃费南雪会很想喝热红茶或伯爵茶。它浓郁的奶油风味,可以舒缓掉红茶容易有的涩感,油脂也能包裹住茶香,把味道都留在口腔里,余韵十足。

2 来点打发淡奶油吧!

想要来点犯罪的喜悦吗?那就沾着打发淡奶油一起吃吧!费南雪跟打发好的动物性淡奶油绝顶适合,两种不同奶香,一深沉一浓郁,在嘴里融化跳探戈。

3 加点炼乳

有点跳tone①的搭法,其实就是炸春卷加炼乳的感觉,夭寿②甜加上宇宙甜,灵魂深处的渴望。

4 想喝一杯吗?来杯坚果味的单品咖啡

费南雪的杏仁香气,可以选搭有坚果味的单品咖啡,整体会变得优雅。带酸的咖啡也适合,油脂丰富的它可以让酸味圆润。

编者注:
①意为思维或风格变化大,给人吃惊的感觉。台湾地区流行语。
②闽南语词汇,本意为折寿,后来引申为惊叹之意。

蝴蝶酥 14.

跟香港师傅学水皮，
瞬间打通所有的制作关节。
只要走出框架，答案其实很简单。

 蝴蝶酥

> "香港传统的水皮做法,给了我一个全新的视角,
> 也让我看见了自己的局限,深刻认知到不同系统的做法应该多交流,
> 就像西餐讲究数据,若能把西式的科学烹调引入东方菜肴,
> 许多老菜就不用担心失传了。"

我很喜欢吃香港的蝴蝶酥,却总觉得没有掌握到对的口感与味道,与其做得"早"不如做得"对",因此堂本一直没有生产蝴蝶酥,直到去上了香港老师傅文福安的蝴蝶酥做法课,任督二脉瞬间被打通,才发现自己先前都走错了方向。

我以为自己非科班出身,面对烘焙没有框架,但做了这么多年还是免不了知见障。先前我用法式千层派皮的概念处理蝴蝶酥,在千层派皮的概念下去调整手法与配方,没想到文福安师傅的做法,完全颠覆我曾经的任何法式千层派皮经验,以香港水皮做的面团像一摊烂泥,放置半小时后竟然发展出极佳的弹性,把加了盐的油酥包裹其中,连松弛都不用,把以往我们需要耗费大量时间,四折一、三折一……每次都需要半小时到一小时松弛的千层酥折法,减到5分钟。

这和香港地狭人稠,饼房空间狭小,凡事讲求速度与效率有关,在

如此的时空背景下，才发展出香港的传统水皮做法。原以为含水量高的水皮，制作出来口感会有影响，没想到烘烤出来却呈现极佳的酥松感，和法式的硬脆不同，很像我小时候吃的掬水轩[①]饼干，也是港式蝴蝶酥的感觉。

这个发现让我获益良多，香港传统的水皮做法，给了我一个全新的视角，也让我看见自己的局限，深刻认知到不同系统的做法应该多交流，就像西餐讲究数据，若能把西式的科学烹调引入东方菜肴，许多老菜就不用担心失传了。

记得有次看到一位中餐师傅在教做拔丝地瓜，煮糖时说你看煮到这样的稠度就可以了。如果这时有个温度计，把参数记录下来，在复制或传承时是否会更方便？但这样是不是会让老师傅觉得失去了自己的价值？这又是另一个问题了。

回到喜欢的蝴蝶酥，现在堂本有贩卖法式跟港式两种，港式酥松、法式硬脆，其中港式蝴蝶酥常让我回到小时候的记忆，觉得它好适合铁盒，等我找到盒子，就来做蝴蝶酥铁盒饼干。

法式蝴蝶酥食谱网络上很多，这里就分享香港传统的水皮做法，从打面皮到烘烤，90分钟完成。

编者注：
① 台湾地区一家成立于1925年的食品公司。

蝴蝶酥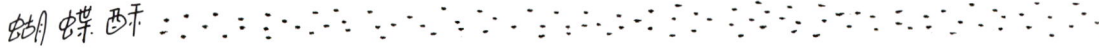

制作份量	约 80 片（切 1cm 厚）； 约 53 片（切 1.5cm 厚）
面团尺寸	切完长 4cm × 宽 2cm
出炉尺寸	长边变为 3.5cm，宽边变为 4cm

材料

A 水皮（水分含量高）	重量(g)
高筋面粉	126
低筋面粉	53
有盐黄油	32
（放室温下软化）	
水	168

B 油酥	
有盐黄油（冰的）	263
T45 法国面粉	210
（操作环境如果温度较高，建议使用冰过的面粉）	

C	
砂糖（裹入用）	68

总和	920

Point

◆ 如果喜欢甜感更明显的风味，砂糖分量可调整至 85 克。
◆ 油含量与面粉筋度会影响蝴蝶酥的酥松脆，这款配方吃起来比较酥松化口。

制作水皮

1 将面粉倒在干净的台面上。

2 在面粉中间划出火山口。

3 在火山口中间加入材料 **A** 的软化黄油和水。

4 将液体慢慢往外推，缓慢实现粉水混合，注意不要让粉墙破掉，水大致都融入粉后，以刮刀搅拌均匀，约 2~3 分钟；也可用搅拌机搅拌，约 1 分钟，均匀就好。

Let's make a bread

做法

Point
搅拌手法

将面团以刮刀摊平。

再刮起来收拢。

让面粉慢慢吸收水分,产生筋性(两三分筋),搅拌至有粗糙的表面。

面团推平、冷藏

5 拿起水皮面团,放入撒过粉的铁盘。

6 在铁盘上推平,成0.5厘米厚度。

7 以保鲜膜封起。

8 放入冷藏室30分钟至1小时(放一晚也无妨,可隔日再使用),进行水合作用。

蝴蝶酥

制作油酥

9 在等待时间可制作B油酥。将黄油（从冷藏室直接取出使用）与面粉混合。

10 以刮刀在面粉内切碎黄油。

11 以手辅助混合。

12 混合至没有块状黄油，可以用揉捏的方式。

水合作用

面粉里蛋白质和液体（水、牛奶等）充分接触后，液体起触媒作用，让蛋白质分子打开自身的氢硫键，先彼此结合成块状面团，再持续形成排列整齐的组织结构，有利于后续揉捏、搅打时面筋的生成。

做法

13 揉捏至材料全部成团。

14 整形，压成约3厘米厚片状。

Point
油酥完成后直接使用，不要再冷藏回去，会变硬。

裹入油酥

15 从冰箱取出水皮面团，取油酥在面团上比对大小，面团宽度（见下方说明）如过大或过小可在此时整形。

面团宽度需要是油酥同向边的3倍再多一些。

16 确认大小后将面团取出。

17 放置帆布上。

以帆布为底可以减少手粉的用量。

18 将油酥置中包入。

19 左右向中间包好。

动手做温暖又美味的面包

蝴蝶酥

20 底部撒大量的粉。

23 以擀面棍敲开。

21 轻拍以更黏合。

24 再上粉,继续以擀面棍压滚开。

Point
- 操作时如果面皮容易破裂,那么在先前搅拌步骤时可以多搅拌一点,增加筋度。
- 如果面皮破了也不用太担心,只要从破口两侧往中间推拢,撒上面粉,轻拍就可以再度黏合。

25 压出米字形,如果面团会黏随时撒粉。

26 慢慢擀开至0.2~0.3厘米。

22 在上方撒粉。

擀开后先四折

27 左右两边向中间折入，中间留一条小缝。再对折。

28 转90度，底部撒粉（保持面团好操作）。

29 将面团滚长。

三折

30 往左折1/3，再往右折1/3。撒粉，滚长。

31 以米字形慢慢压开。

在法式千层酥要尽量避免破皮，但在港式千层酥里不是非常重要。

蝴蝶酥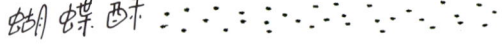

四折、冷藏松弛

32 左右向中间折入。

可看出面团折出的层次。

33 中间预留一小缝。

35 以保鲜膜盖上,冷藏静置松弛半小时。

34 再对折(四折)。

折出层次、铺上砂糖

36 松弛完成后,以擀面棍压出米字形,再左右平均压开即可。

Point
蝴蝶酥已裹油面团的折法,总共四折一次、三折一次,再四折一次(冷藏松弛前)。

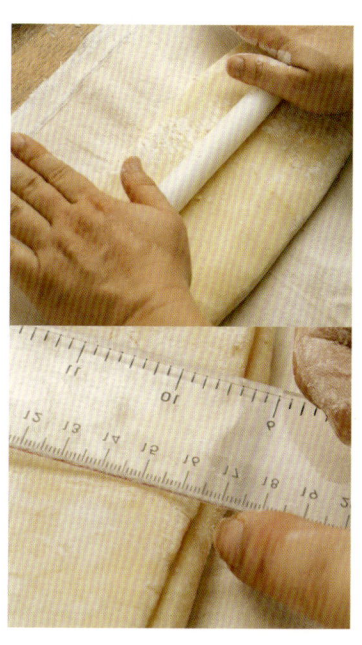

37 上下擀开，至宽度17厘米。

39 撒上材料C砂糖，铺均匀。

40 上下内折，中间留约一个手指宽的小缝。

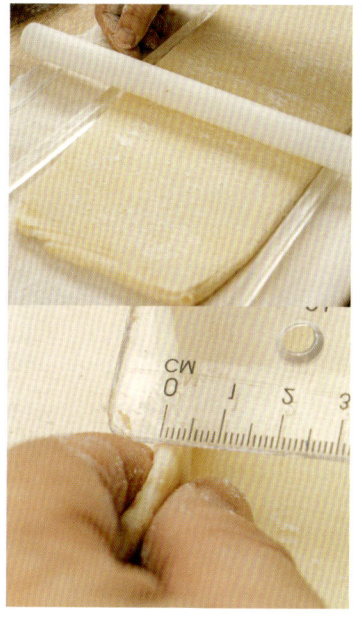

38 擀长，擀到厚度为0.3~0.5厘米。

41 由上往下对折。

42 用手轻压，定型，把接合处压平。

蝴蝶酥 ··································· 做法

43 依照盘子宽度分切。

45 将冷藏过后的面团取出，切成1厘米厚的片状。

——切面

> **Point**
> 切1厘米厚度口感较酥，若切1.5厘米则较脆。

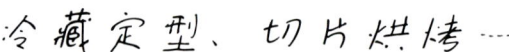
冷藏定型、切片烘烤

46 摆放到不粘烤盘上，在蝴蝶"翅膀"展开方向的距离约为蝴蝶酥的宽度。

44 放入冰箱冷藏。

> 冷藏半小时定型，此后切开会比较漂亮。

47 进烤箱，以上、下火200℃烤约16~20分钟。

阿洸师傅带你品面包

1 烤盘不要留太多油

烤盘留油即代表破酥。做法式千层常戒慎恐惧，很怕破酥；但以港式水皮做法，无论对温度或破酥的容错率都很高，制作时，若不小心破酥，只要从旁边拉一小块面团补上，撒上一点干粉就可以成皮，不必那么担心。

2 从风味中吃得出原料质地

原料决定风味。例如改变油酥材料里的面粉品牌，从T45法国粉改为低筋面粉，风味就会清淡许多。建议选用好一点的原料，吃来会有很好的质地，不小心自己做的就会赢过市面上的许多品牌了！

3 火候要够

火候是蝴蝶酥的灵魂，烘烤时可把烤色烤深一点；若火候不够会没有焦糖香且不酥脆。

 蝴蝶酥

日常食
DAILY

阿沈的风味搭配学

1 珍珠奶茶、鸳鸯奶茶

蝴蝶酥和鸳鸯奶茶是香港同根生，不过手边不见得随时都有港式奶茶，搭台湾的珍珠奶茶也很好，重点是奶茶，可以和蝴蝶酥的奶香味配成一对。

2 卡布奇诺、拿铁

这款蝴蝶酥很适合跟奶制饮品一起享用，可让奶油焦糖香在嘴里保留久一点，卡布、拿铁等含奶咖啡都是好选择。

3 阿芙佳朵①咖啡或冰淇淋

可将蝴蝶酥插在阿芙佳朵咖啡中的冰淇淋上，有点像吃千层派冰淇淋的感觉，若无浓缩咖啡，直接沾着冰淇淋一起享用也很棒。

4 想喝一杯吗？来杯玉米浓汤吧！

玉米浓汤也是有奶的饮品，甜咸丰满，跟蝴蝶酥一起沾着吃，热乎乎的很有饱足感。

编者注：
①阿芙佳朵是意大利语 Affogato 的译名，原意是"淹没的"。阿芙佳朵咖啡是在冰淇淋上浇一杯咖啡而成，冰淇淋会在咖啡中融化，看上去就像要被"淹没了"。

搭配奶茶!

15.
姜饼人

我不希望它吃起来辣口，
但要你吃完身体暖暖的……

姜饼人

"我认为秘密不在做法,
而在对味道的理解,以及抓准自己要去哪里的方向感。"

很自然地,这是为了圣诞节而推出的商品。我想做出具装饰性又好吃的姜饼人,所以它不能只是一个"姜饼人"(咦,那要是什么?),它得是个"十足讨喜"的姜饼人,大部分消费者吃到它都得喜欢(我好贪心),不能只是因为可爱而购买,保存期过了就丢进厨余桶里。

我决心要做一款适合冬天吃,不管有没有圣诞节你都会想要去买的姜饼人。在收集了坊间大量的食谱配方后,发现大师的食谱强调技术,家庭食谱简单好操作。我没有非要大师食谱不可的包袱,反倒从家庭食谱里,选了个一点也不新奇、极度日常的做法,开启堂本版姜饼人的研究。

我认为秘密不在做法,而在对味道的理解,以及抓准自己要去哪里的方向感。熟悉的朋友都知道,我的个性和外表一样,圆圆的,不喜欢与人起冲突,凡事尽量圆融,这也跟我身为老二有关,从小卡在很会读书的哥哥妹妹间,每次考试都吊车尾,自然得有一套转身滑过的生存哲学。

我想把姜饼人尖锐的个性给修掉，太强的姜味、香料味通通拿掉，这指的不是从配方里删除，而是通过材料的彼此制衡，让味道圆润不突出：比如用黑糖、蜂蜜，让姜味变得暖和却不辛辣；豆蔻、丁香虽然是创造风味层次的要角，却不能让它轻易地浮上台面；肉桂是关键，关于肉桂，请让我臭屁一下，多年来我已经可以拿捏到，让不喜欢吃肉桂的客人都能欣然吃下我的产品，如何把肉桂用得恰到好处，成为淡淡隐味，秘密就是……多练习就会了！（笑）

姜饼人推出后，获得很多女性朋友的欢迎，只要冬天第一道寒流来袭，我们便会开始备料，上架这款充满暖意的饼干；为了满足身体需求，还会观察气候，当温度降低时，小小地增加姜粉用量，反之则减少。

这是一款充满香料味的饼干，若想要更"融合的滋味"，面团做好后可以冷藏一个礼拜后再烘烤，风味大不相同，非关好坏，自己做的乐趣便在于，玩出喜欢的味道。

每年，我只要在堂本看到这位姜饼小人，就知道冬天来了。很开心当初我的决定是对的，修掉姜饼人的棱角，让它能不特别突出声势，却依旧疗愈暖心。

姜饼人

制作份量 约 4 片

模具尺寸 长 11.5cm × 宽 10cm

材料

A	重量(g)
黑糖①	74
牛奶	50
蜂蜜	21

B	重量(g)
黄油（放室温软化）	137
糖粉	42
盐	2

C	重量(g)
低筋面粉	299
姜粉	16
姜饼香料 *	5

总和 | 646

编者注：
①台湾民众称为黑糖者，大陆民众常称为红糖。

姜饼香料 *（混合备用）	重量(g)
豆蔻	10
肉桂	5
姜粉	20
丁香	2

制作黑糖牛奶酱

1 黑糖、牛奶倒入锅中，以中小火加热搅拌混合（为了让黑糖溶化）。

Point
- 如果煮完黑糖还是没有完全溶化，可静置一晚，让黑糖溶化后再使用。
- 也可事先多做一些，冷藏备用（冷藏可保存3~5天）。

2 放凉后（若是于冷藏室取出，放至室温再使用），加入蜂蜜拌匀，备用。

Let's make a bread

做法

完成奶油霜

3 将已放室温软化的黄油、糖粉、盐拌匀。

5 分两到三次加入黑糖牛奶酱,其间不断搅拌,以实现黄油的乳化。

Point
可用刮刀把黄油压平,更容易拌匀。

如果乳化成功,黄油会挂在容器边,代表完成。

黑糖牛奶酱若加太快,容易导致油水分离。

NG

4 搅拌至没有粉末。

6 完成的奶油霜倒至台面上。

姜饼人

完成饼干面团

7
奶油霜与面粉、姜粉、姜饼香料粉混合。

11
以手压实。

8
混合时稍微以刮刀切、拌。

12
以保鲜膜包好。

9
以手辅助边拌边压。因为材料中有姜粉，此时双手可能会有温热感。

13
在保鲜膜中整成方正。冷藏隔夜，让香料与面团风味完全融合。

10
面团拌至均匀。

压模、烘烤

14 冷藏完成后,在面团表面撒粉。

18 再把模具取出。

15 擀成0.4~0.6厘米厚,需厚度一致。

剩下的边料可反复擀平,切成长条或喜欢的大小一起烤,不浪费。

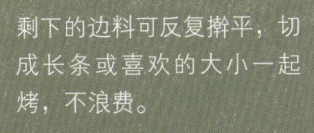

Point 厚度薄,饼干吃起来会脆口。

19 放在不粘烤盘或烤盘布上,直接入旋风烤箱,以150℃烤27~30分钟。

16 以模具切割面团。

Point
- 如果是用有上下火设定的烤箱,上下火温度比旋风烤箱各再加15℃~20℃,烘烤时间控制在35分钟以内。
- 这款配方没有加蛋,奶素者可吃。

17 稍微左右晃动,把边边切下的料分开。

动手做温暖又美味的面包

姜饼人

1. 不要烤焦

姜饼人的颜色本就比较深,很容易一不小心没有判断好烤色就过头,烤过头会有明显的焦苦味。若烤色太深且不匀称,通常就有过头的危机。可先依照食谱参数,再用家里的烤箱多试几次,记录下每次的温度与时间,调节出适合的烤温。

2. 一定要烤熟

不能因为担心烤焦,就烤得太生。没烤熟除了颜色浅,也会有生粉的味道,吃起来会软软无脆度。

3

通过面粉、黄油调整软硬度

每个人都有喜欢的姜饼口感,若想要硬一点,配方里可以加10~20克的面粉,想要软一点,则可以将黄油加个5~10克,去调整出想要的口感。

4

想要姜味浓一点还是淡一点呢?

在打底香料里,姜粉的比例不动,建议增减的是主材料的姜粉分量,添加5~10克都还在整体配方的平衡里,堂本面包店会根据气候来增添姜粉用量,这一点也给读者参考。

姜饼人

日常食
DAILY

阿沈的风味搭配学

香料热红酒

同样是冬天的食物,通过香料手牵手。饼干配方里黄油放得不是太多,这样的搭配当消夜有种无负担的满足感,带着一点点酒意,等等会更好入眠。

卡布奇诺

我的姜饼人内有黑糖牛奶酱,这样搭配整个风味概念有点像去咖啡厅时,点咖啡会送上一片焦糖肉桂小饼干,堂本姜饼人跟咖啡放在一起,绝对完美。

姜汁奶茶

冬天的饼干,适合搭配冬天的饮品,配姜汁奶茶即以姜味联结彼此。若是个喜欢姜味的人,想要来点浓厚暖意的话,姜姜好。

桂圆红枣茶

在桂圆红枣茶里加姜很温暖,如果不想放入姜片,就配着姜饼人一起吃吧!堂本的姜饼人不像市面上的香料味浓郁,香料在味道中是作为淡淡的打底层,因此堂本姜饼人很适合当冬日的随身小零嘴。

Let's make a bread

搭配香料热红酒！

"与其做出模范生的作品，
我更想做出温暖人心的食物。"

著作权合同登记号：图字13-2022-029

本著作（原书名《请问阿洸师傅！堂本流15款经典配方与风味笔记，教你在家也能做出温暖疗愈的面包》）中文简体版2022年通过成都天鸢文化传播有限公司代理，经城邦文化事业股份有限公司（麦浩斯出版）授权福建科学技术出版社有限责任公司独家出版发行，非经书面同意，不得以任何形式，任意重制转载。本著作限于中国大陆发行。

图书在版编目（CIP）数据

堂本面包实验室 / 陈抚洸著. —— 福州：福建科学技术出版社, 2025.3
ISBN 978-7-5335-7255-6

Ⅰ.①堂… Ⅱ.①陈… Ⅲ.①面包–制作 Ⅳ.①TS213.21

中国国家版本馆CIP数据核字(2024)第069943号

出 版 人	郭　武
责任编辑	陈滢璋
装帧设计	刘　丽
责任校对	蔡雪梅　王　钦

堂本面包实验室

著　　者	陈抚洸
出版发行	福建科学技术出版社
社　　址	福州市东水路76号（邮编350001）
网　　址	www.fjstp.com
经　　销	福建新华发行（集团）有限责任公司
印　　刷	福建新华联合印务集团有限公司
开　　本	787毫米×1092毫米　1/16
印　　张	14
图　　文	224码
版　　次	2025年3月第1版
印　　次	2025年3月第1次印刷
书　　号	978-7-5335-7255-6
定　　价	88.00元

书中如有印装质量问题，可直接向本社调换。
版权所有，翻印必究。